乡村振兴战略之乡村人才振兴

高效养蜂实用技术

赵建航 李萍英 马爱武 主编

Gaoxiao Yangfeng Shiyong Jishu

中国农业科学技术出版社

图书在版编目（CIP）数据

高效养蜂实用技术／赵建航，李萍英，马爱武主编. —北京：
中国农业科学技术出版社，2019.1

ISBN 978-7-5116-3970-7

Ⅰ.①高…　Ⅱ.①赵…②李…③马…　Ⅲ.①养蜂　Ⅳ.①S89

中国版本图书馆 CIP 数据核字（2018）第 290063 号

责任编辑	张志花
责任校对	李向荣

出 版 者	中国农业科学技术出版社
	北京市中关村南大街 12 号　邮编：100081
电　　话	（010）82106636（编辑室）　（010）82109702（发行部）
	（010）82109709（读者服务部）
传　　真	（010）82106631
网　　址	http://www.castp.cn
经 销 者	各地新华书店
印 刷 者	北京建宏印刷有限公司
开　　本	850mm×1 168mm　1/32
印　　张	6.375
字　　数	170 千字
版　　次	2019 年 1 月第 1 版　2019 年 5 月第 3 次印刷
定　　价	29.80 元

《高效养蜂实用技术》

编 委 会

主　编　赵建航　李萍英　马爱武

副主编　廖启圣　李秋玲　张秋霞

　　　　朱汉忠　席芳贵

编　者　孙国华　严　强

前　言

　　我国疆域辽阔，蜜源植物种类繁多，四季花开不断，农田、果园、山林、草原蕴藏着丰富的蜜源。我国能提供商品蜜的主要蜜源植物极其丰富，其中以荔枝、龙眼、柑橘、荆条、椴树、刺槐等所产的蜜，色、香、味俱佳，驰名中外。辅助蜜源植物种类繁多，非常适合养蜂业的发展。

　　养蜂生产是一项投资小、发展快、收益大的产业。蜜蜂产品如蜂蜜、蜂王浆、蜂花粉、蜂蜡、蜂胶、蜂毒等，经济价值高，国内外都有大量的需要。蜂产品不仅是人民生活中常用的营养食品，也是近代医药的重要配药原料。

　　编者本着通俗、易懂、实用的原则编写本书。希望本书能成为养蜂爱好者或养蜂初学者了解和探索"蜜蜂王国"的一把钥匙，更希望能成为养蜂人员发展生产、实现增收的技术指南。

　　由于编者水平有限，书中不妥或错误之处，恳请读者批评指正。

编　者

2018 年 10 月

目　　录

第一章　蜜蜂的品种和生物学

第一节　蜜蜂的主要品种

在分类上，蜜蜂属于昆虫纲膜翅目蜜蜂总科蜜蜂科蜜蜂属。蜜蜂属的蜜蜂品种，它们的共同特点是：营社会性生活，后足胫节末端有距，巢脾是用自身蜡腺分泌的蜡质建造的，其方向与地面垂直，并且两面都有六角形的巢房，有贮存蜂蜜及花粉的习性。

蜜蜂属有 9 个现生种，我国有大蜜蜂、黑大蜜蜂、小蜜蜂、黑小蜜蜂、东方蜜蜂和西方蜜蜂 6 个种，另 3 种分别是马来西亚的沙巴蜂和绿努蜂，以及印度尼西亚的印尼蜂。每个种又可以分为若干地理亚种（品种），同一个种之内的各品种之间可以互相交配，不同的种之间不能交配，具有生殖隔离的特性。

大蜜蜂、黑大蜜蜂、小蜜蜂、黑小蜜蜂是蜜蜂属中比较原始的 4 个种，它们分布于东南亚及我国的广东、广西壮族自治区（以下简称广西）、海南和云南等地。它们在大树干下、悬岩下和杂树丛中营巢，由于好迁飞，生产性能差，极少有人饲养。

东方蜜蜂较接近祖型，分布于南亚、东南亚、日本、朝鲜和中国。我国各地的中蜂即属于东方蜜蜂。

西方蜜蜂是蜜蜂属中进化最完善的一个种，原产于欧洲、非洲和中东地区。著名的意蜂、卡尼鄂拉蜂和高加索蜂都属于西方蜜蜂。

我国饲养的蜂种，主要有属于东方蜜蜂的中蜂，属于西方蜜蜂的意蜂、东北黑蜂、卡尼鄂拉蜂、高加索蜂和新疆黑蜂。

当前我国蜂种的分布，大体上有 3 种情况：东北、内蒙古和新疆等地，以饲养外来蜂为主；四川和华南地区，以饲养中蜂为主；长江中下游和黄淮地区，是中外蜂交错饲养的地区。这种蜂群分布现状，是由于各地环境条件不同，为适应环境在长期生产实践中逐渐形成的。在南方，因为西方蜂种越夏度秋比较困难，对冬季蜜源也难以利用，所以不如饲养中蜂更能适应当地的自然环境条件。在北方，因为冬季严寒时间长，西方蜂种的群体耐寒力强，所以饲养情况良好。在中部地区，蜜源植物丰富的平川，意蜂优良的生产性能可以得到很好的发挥，多以饲养意蜂为主，而蜜源植物分散的山地丘陵，则比较适宜饲养中蜂。

一、中蜂

中蜂即中华蜜蜂的简称，原产我国，是东方蜜蜂的一个地理亚种，分布在我国南北各地以及印度、东南亚、朝鲜、日本等地。

中蜂的蜂王体表一般呈黑色，也有少数腹部是暗红色，体长平均 21.22 毫米，其腹部三节常伸出翅后；工蜂体表黑色，腹部具有黄褐色的环节，被褐色绒毛，体长平均 12.14 毫米，吻长平均 5.1 毫米，翅膀长可覆盖腹部末节；雄蜂俗称黑蜂，体长平均 13.5 毫米，翅膀发达，又长又宽。

中蜂在我国土生土长，长期以来，它以非凡的生命力和顽强的抗逆性，善于利用零星的蜜粉源，在我国各地的自然条件下生存和发展起来。尤其是在我国南方地区，地形复杂，气候无常，昼夜温差大，雾浓潮湿，在这种恶劣环境条件下，中蜂是外来蜂难以取代的蜂种，全国饲养中蜂约 200 多万群。

二、意蜂

意蜂即意大利蜂的简称，原产意大利的亚平宁半岛，是西方蜜蜂的黄色蜂种，分布于世界各地，也是我国当前饲养的当家品种之一，全国饲养意蜂400多万群。蜂王体长22.25毫米，产卵力强，易维持大群；工蜂体长12~15毫米，吻长平均6.28毫米，分蜂性弱，对大宗蜜粉源采集力强，但不善于利用零星蜜粉源，分泌王浆和泌蜡造脾的能力强，性情温顺，清巢性强，抗巢虫；雄蜂体大强壮，体长15~17毫米，飞翔力强。意蜂由于蜂王产卵无节制，消耗食料多，定地饲养有困难，同时在逃避敌害和个体耐寒性方面不如中蜂，所以难以利用南方寒冷山区的冬季蜜粉源植物。

三、其他蜂种

我国除饲养中蜂和意蜂这两个主要当家品种外；在东北、内蒙古自治区（以下简称内蒙古）、甘肃、青海和新疆等地，还饲养其他几个蜜蜂品种。

1. 东北黑蜂

东北黑蜂由俄罗斯的西伯利亚引进，在我国东北的北部地区已有较长的饲养历史，它是卡尼鄂拉蜂和欧洲黑蜂的过渡类型，并在一定程度上混有高加索蜂和意大利蜂的血统。

东北黑蜂个体大小及体形与卡尼鄂拉蜂相似，几丁质黑色，第2~3腹节背板上常有黄褐色斑，绒毛灰色至灰褐色，吻较长，平均为6.4毫米。它在我国东北的特点是蜂王产卵力强，蜂群春季发展快，夏季群势强大；采集力很强，不仅善于采集流蜜充沛的蜜粉源，而且能利用零星蜜粉源；泌蜡造脾和生产王浆的性能也较好；抗寒力强，在东北有良好的越冬性能；抗幼虫病，性情较温顺，不易发生盗蜂。但是不耐热，在低纬度地区繁殖力较低，不能维持大群。

2. 新疆黑蜂

新疆维吾尔自治区（以下简称新疆）黑蜂又称伊犁黑蜂，是 20 世纪 20 年代由俄罗斯人带入新疆的欧洲黑蜂，分布于新疆伊犁一带，它接近欧洲黑蜂，带有高加索蜂的血统。特点是繁殖力较强，育虫积极，能采集较多的树脂。但性情凶猛，易螫人，检查蜂群时蜜蜂不安静，会慌张地乱爬。

3. 卡尼鄂拉蜂

卡尼鄂拉蜂简称卡蜂，原产于奥地利境内的阿尔卑斯山南部和巴尔干半岛的北部。其个体大小及体形与意蜂相似，腹部细长，几丁质黑色，少数个体具黄褐色环带，绒毛多而密，为灰色至灰褐色。吻长 6.4~6.8 毫米。卡蜂的特点是性情温顺，护脾性强，小群能够越冬；采集力特别强，善于利用零星蜜粉源，食料消耗省；产卵力较弱，早春有蜜粉采集时便开始育虫，蜂群发展快，分蜂性强。夏季只有在蜜粉源充足的情况下才能保持一定面积的子脾；晚秋群势下降快；通常不能以强群越冬，然而在不适宜的气候条件下，仍具有优良的越冬性能。盗性弱，很少采树脂，几乎不发生幼虫病。与其他西方蜂种杂交，可以产生育虫力很强和富有生活力的蜂群。

4. 高加索蜂

高加索蜂又名灰色山地高加索蜂，原产高加索中部的高山谷地。它的个体大小及体形与卡蜂相似，几丁质黑色，工蜂绒毛为浅灰色，吻特长，达 7.2 毫米。在我国高寒地区饲养的特点是蜂王产卵力较强，能维持大群，分蜂性弱，性情较温顺，在炎热的夏季也可保持较大面积的子脾。它的采集力比东北黑蜂或新疆黑蜂强，但爱采集大量树脂，爱造赘脾，易迷巢错投，盗性强，越冬性能差，易患孢子虫病。

第二节 蜜蜂的生物学

一、个体生物学

蜜蜂个体生物学是研究组成蜂群各种个体的生活及其职能的科学，包括了蜜蜂各种个体的发育、蜂王的生活、工蜂的生活和雄蜂的生活等内容。

1. 蜜蜂个体的发育

蜜蜂是全变态的昆虫，虽然蜂王和工蜂是由受精卵发育而成，雄蜂是由未受精卵发育而成，但各种个体发育都要经过卵、幼虫、蛹和成虫四个形态不同的发育阶段。蜂王、工蜂和雄蜂的发育都各有特点，各阶段发育的时间也不一样。中蜂和意蜂各阶段发育所需时间列于表1-1。

表1-1 中蜂与意蜂各阶段发育时间比较

蜂种		发育时间（天）			
		卵期	幼虫期	封盖期	全程
中蜂	蜂王	3	4.5~5	6.5~7	14~15
	工蜂	3	4.5~5	10~12	17.5~20
	雄蜂	3	6~6.5	14~15	23~24
意蜂	蜂王	3	5.5	7.5	16
	工蜂	3	6	12	21
	雄蜂	3	6.5	14.5	24

蜜蜂在发育过程中，要求最适宜的温度为33~35℃。温度偏高，蜜蜂的发育较快，提前出房；温度偏低，蜜蜂的发育缓慢，延迟出房。无论是提前或延迟出房的蜜蜂，发育都不正常。

蜂王刚产下的卵呈香蕉状，乳白色，略透明，头粗尾细，上面附有黏液，以稍细的一端黏在巢房底中央，稍粗的一端是头部，向着巢房口。卵经过3天将要孵化时，在能活动的一端，先是出现微弱的"点头"，后来出现强烈的"弯腰"活动，随后卵膜产生裂隙并突然出现液滴，卵膜逐渐溶解，即呈现出新月形的幼虫。刚孵化的幼虫就能吮吸王浆。无论蜂王、工蜂和雄蜂的幼虫，在孵化后3天内的食料全是王浆，从第4天起，工蜂和雄蜂的幼虫开始由工蜂饲喂用花粉和蜂蜜混合而成的蜂粮；而蜂王的幼虫一直食用王浆，且王浆供应量充足。虽然工蜂和蜂王的幼虫都是受精卵孵化出来的，但由于食料不同，且工蜂巢房也比较小，所以，工蜂的性器官发育不完全。至于雄蜂则是由未受精卵发育而成的无父之子。

刚孵化的幼虫体重不到1毫克，在6天中能吃掉200多毫克的食料。工蜂幼虫在第1天，体重能增加5倍；在第2天，体重可增加到30倍；在第6天，大约可增加到刚孵化时体重的1 500倍。蜂王在幼虫期间，体重可增加到3 000倍。幼虫每隔36小时要蜕皮1次。每一只幼虫自孵化至封盖止，哺育蜂平均每日喂1 300次左右，在6天幼虫期内，需去照顾和饲喂幼虫1万多次，差不多每分钟1次。因此，检查蜂群，取脾摇蜜都会妨碍哺育蜂对幼虫的哺育，工蜂幼虫到第6天便停止吃东西，并伸直了身体。它以许多小刺把身体固定在巢房里，此时胃和直肠已经接通，将粪便排泄在巢房底。工蜂随即用蜂蜡和花粉的混合物把这个巢房封上盖。封盖后，幼虫开始做茧。蜂王幼虫做茧需要1天，工蜂需要2天，雄蜂需要3天。已经做茧的幼虫便进入蛹期。蜂蛹为游离蛹，初呈白色，渐转黄褐色，并逐渐从一个虫形变成蜂形，体内各器官也逐渐成熟，到了后期长出了翅膀。雄蜂体大，蛹盖也特别突出。中蜂的雄蜂蛹，后期蛹盖呈尖笠状，中央有透气孔。蛹成熟后，幼蜂即啮破盖从巢房中爬出来。从封盖至出房这阶段称"封盖子"。

2. 蜂王的生活

蜂王是生殖器官发育完全的雌性蜂。它专司产卵，是蜂群成员共同的母亲，所以也称母蜂。

蜂王的生殖器官非常发达，尤其在产卵盛期，卵巢特别膨大，因此腹部很长，其腹尾 3 节常伸出翅后。蜂王没有采集花粉的器官，蜡腺也退化；处女王的螫针略呈弯曲，不螫人，只有在与其他蜂王相斗或破坏王台时才使用。交尾产卵后，螫针作为导卵器，卵由螫针的基部下方产出。蜂王的吻很短，蜜囊也很小，但上颚很发达。处女王羽化时能自己啮破王台封口厚实的半茧出房。

蜂王除产卵外，还维持着蜂群的正常生活秩序，在蜂群中起着核心的作用。蜂王的上颚腺能分泌一种称为"蜂王物质"的外激素，通过饲喂它的工蜂，并借助工蜂之间相互交换食料的特性将蜂王物质传给蜂群。每只工蜂只要得到 0.13 微克的蜂王物质，卵巢就不能发育，也不会筑造王台。蜂群失去蜂王后，蜂王物质也随之消失，工蜂就会失常，体色变黑，卵巢即会发育并筑造王台。

蜂群在平时一般不会筑造王台培育蜂王，只有在自然分蜂季节，或蜂王衰老残伤和失去蜂王时，才会筑造王台培育新的蜂王。

在自然分蜂季节，当蜂群旺盛时，工蜂常筑造几个至十几个自然王台，培育新蜂王并进行分蜂。而蜂王衰老残伤时，工蜂一般仅筑造一两个王台，培育一只新蜂王进行自然交替而不行分蜂。当蜂群失去蜂王时，约经一日，工蜂会紧急改造工蜂房中 3 日龄以内的幼虫培育新王，改造王台的数目多达十几个，并有几个王台连在一起的现象，但当第一只处女王出台后，其余的王台即全遭破坏而不行分蜂。

刚出房的处女王，色淡柔软，腹部修长。经 1~2 天，其腹部收缩，轻巧活泼。5~6日龄的处女王，性成熟进入发情期，会于晴暖无风的午后2~4时飞出巢外进行婚飞，并散发蜂王激素吸引雄蜂出巢，在空中经过追逐竞选后与一只健壮的雄蜂进行交配。与处女王交配的雄蜂，由于生殖器被处女王阴道吸拔而脱落。因此，处女王交配成功返巢时，尾部有拖带一小段白色线状物，俗称"交尾标志"，这就是雄蜂的生殖器官。处女王第一次交尾后，如受精不足，还会进行第二次甚至多次交尾。但从它开始产卵以后，即终身不再交尾，因它的贮精囊中已贮藏了上百万个精子，可供其一生产卵受精之用。

处女王通常不产卵。但在没有雄蜂或天气不利错过发情交配时，处女王也会产未受精卵培育雄蜂。因此，过期未交尾甚至已产未受精卵的处女王应尽早去掉。

处女王一般在交尾后2~3天开始产卵。在正常情况下，每个巢房产一粒卵。蜂王通常在群势最集中的蜂巢中央的巢脾而稍偏巢门一侧的巢房开始产卵，其后逐渐以螺旋形顺序扩大，再依次向左右巢脾发展。每一巢脾中产卵范围常呈椭圆形，俗称"卵圈"，并以中央巢脾的卵圈最大，左右巢脾常依次渐小。蜂王能产受精卵或未受精卵，受精卵一般产在工蜂巢房或王台里，未受精卵产在雄蜂巢房里。在蜂王产卵力旺盛和缺少巢房的情况下，会发生蜂王重复产卵的现象。

蜂王产卵力的高低，与蜜蜂品种、亲代性能、个体生理条件、蜂群内部情况，以及环境条件都有密切关系。例如意蜂蜂王的产卵力比中蜂蜂王强，在繁殖期，中蜂蜂王一般日产卵量仅有600~1 000粒，而意蜂蜂王日产卵量可达1 200~1 800粒，每1 000粒意蜂卵重约300毫克，相当于蜂王自身的体重。同一蜂王产卵力的变化，主要决定于蜜粉源、群势、食料供应以及气候条件等。因此，在不同蜜粉源、不同群势、不同季节的环境里，蜂王产卵力常随之变化。早春和冬季因气温低，炎夏因气温高，且蜜粉源缺乏，蜂王停止产卵或产卵很少；而在初夏，产卵量最高。

产卵后的蜂王除了自然分蜂或随同蜂群迁飞逃亡之外，绝不会轻易离开蜂巢。除自然交替母女蜂王能够同居外，通常在一个蜂群内仅能有一只蜂王，若有两只蜂王同巢，必斗死一只。

蜂王的寿命最长可达 8 年，但一般到第二年的后半年，产卵力便逐渐衰退。因此，在生产上不应保留第二年流蜜期后的蜂王。特别是中蜂蜂王衰老较快，必须每年更换新王。

3. 工蜂的生活

工蜂是生殖器官发育不完全的雌性蜂，是蜂群的劳动大军。在三型蜂中，工蜂的个体最小，1 万只意蜂工蜂的重量约 1 千克。它们担负着喂养幼虫、饲喂蜂王、抚育幼蜂、调节巢温、清理巢箱、营造巢脾、侦察蜜源、采集蜜粉、酿造蜂蜜、抵御敌害等巢内外大量事务。一只工蜂参加哪种工作，并没有严格的顺序性，主要是根据当时蜂群的生活需要、蜂巢状况、外界环境条件以及它在蜂巢中所处的位置确定的。

工蜂一般的寿命为 40~60 天，夏季短些，冬季长些。它的一生，根据各器官发育阶段和所担负的工作不同，可划分为幼年、青年、壮年、老年 4 个时期。幼年蜂是指分泌王浆前的工蜂；青年蜂是指担负巢内主要工作的工蜂；壮年蜂是指从事采集工作的工蜂；老年蜂是指处于采集后期，身上绒毛已经脱落而显得黝黑的工蜂。幼年蜂和青年蜂主要担负巢内的工作，合称为内勤蜂；壮年蜂和老年蜂主要担负巢外工作，合称为外勤蜂。在 4 个时期中，它又按日龄的不同，分工担负巢内外各项工作。

工蜂羽化出房的幼蜂，身体柔弱，灰白色，数小时后才逐渐硬挺起来，外骨骼硬化。3 日以内的幼蜂是由其他工蜂喂食，但能担任保温孵卵和清理巢房等工作。4 日龄后的幼蜂能调制花粉喂养大幼虫。6~12 日龄的工蜂营养腺发达，能分泌王浆喂养蜂王和小幼虫，在这个时期开始认巢飞翔，以熟悉自己蜂巢的位置，并做些排出粪便等清理巢箱的工作。12～18日龄的工蜂蜡腺发达，可担任筑造巢脾、清理巢箱、酿制蜂蜜等工作。一般从15日龄开始，工蜂从事采集花粉和花蜜的工作，大约经过1个月的采集后，由于身上绒毛的脱落和生理机能的衰退，就只能从事采水和守卫等工作。

工蜂的寿命随群势强弱或采集紧张程度的不同而异，强群所培育的工蜂寿命长，采集能力也强。在大流蜜期间工作繁忙，工蜂容易衰老死亡；尤其是夏季流蜜期，工蜂寿命仅有38天；而在寒地越冬的蜂群，工蜂由于处于半蛰伏状态，寿命可长达3个月以上。

4. 雄蜂的生活

雄蜂是生殖器官发育完全的雄性蜂，它唯一的工作是与处女王交配。因此，蜂群只有在繁殖期间才培育正常的雄蜂。它在蜂群内生活的时间虽然不长，但对蜜蜂延续种族却起了很大的作用；同时与蜂王的产卵力及其寿命长短有着密切的关系；而且对工蜂采集力强弱以及性情驯劣，也有重要的影响。

雄蜂一般在出房后12～15天是性成熟时期，称为雄蜂青春期，此时最适于与处女王交配。由于雄蜂的发育过程要比蜂王长8天，出房后性成熟期又比蜂王迟7天，所以必须在培育蜂王之前15～20天培育雄蜂，才能使两者的性成熟期相一致，以提高交尾的成功率和质量。

到达青春期的雄蜂，在天气晴暖的午后，便飞出巢外去寻找处女王，或接收到外界有处女王游飞信息时，就会迅速飞出巢外去追逐处女王。雄蜂在空中飞行时，由于腹部气管充满空气，腹部即膨胀挤出生殖器，以便与处女王交配。有幸与处女王交配的雄蜂，由于丧失生殖器，交配不久便死亡，成了短命的"新郎"。

雄蜂个体大，消耗食料多，蜂群培育1只雄蜂幼虫，要耗去相当于培育3只工蜂幼虫的食料，成年雄蜂的耗蜜量也大于工蜂的2倍。只有在蜂群繁殖期，外界蜜粉源充足时，雄蜂才能得到工蜂的特别照顾，寿命可长达3~4个月；在这期间，雄蜂可以自由出入于其他蜂群，即所谓"雄蜂无群界"。但当流蜜期过后或新蜂王已经交配产卵，雄蜂便失去生存的意义。

二、蜜蜂群体生物学

蜜蜂是行群居生活的社会性昆虫，蜂群是由许多蜜蜂个体组成的一个有机体。蜜蜂这种群居生活，是在长期的进化发展过程中形成的。

1. 蜂群的组织

一个正常的蜂群，是由蜂王、工蜂和雄蜂组成（图1-1）。它们共同生活在一个蜂群里，有着不同的分工，相互依赖，以保持群体在自然界里长期生存和种族的延续。

工蜂　　蜂王　　雄蜂

图1-1　三型蜂个体

蜂王和工蜂是蜂群永久性蜜蜂，而雄蜂是季节性蜜蜂。它们共同生活在一个群体里，分工合作。蜂王专司产卵；工蜂担负着巢内外一切繁重的工作；雄蜂唯一的职能是与处女王交配，它们终身的食料都靠工蜂供给。蜂群里没有蜂王和雄蜂，种族就不能延续；没有工蜂，群体就无法生活。它们虽然职能不同，但得互相依赖，任何一个蜜蜂个体离开群体，就不能单独生存下去。

　　2. 蜂巢的结构

　　蜂巢是蜂群居住和生活的地方，是由几个垂直的巢脾构成的。野生蜂群在树洞或其他洞穴中筑巢；人工饲养的蜂群采用活框蜂箱，并在活动巢框上安装巢础让蜜蜂筑造巢脾而组成蜂巢。中蜂巢脾的厚度约 24 毫米，西方蜜蜂巢脾的厚度约 25 毫米。两个巢脾之间的距离称为"蜂路"，中蜂的蜂路 8~9 毫米，西方蜜蜂的蜂路 10~12 毫米。

　　巢脾是蜂群栖息、育儿和贮存蜜粉的场所，是由许多蜡质巢房所组成。工蜂和雄蜂的巢房都为正六角形，它的底是由 3 个全等的菱形拼成，菱形的钝角都等于 109°28′，锐角都等于 70°32′，但雄蜂房比工蜂房稍大。中蜂的工蜂房口径为 4.81~4.97 毫米（平均 4.89 毫米），深度为 10.80~11.75 毫米（平均 11.23毫米）；雄蜂房口径为 5.25~5.75 毫米（平均 5.58 毫米），深度为 11.25~12.70 毫米（平均 11.98 毫米）。意蜂的工蜂房口径为 5.20~5.40 毫米，深度约 12 毫米；雄蜂房口径为 6.25~7.00 毫米，深度 15~16 毫米。

　　蜜蜂筑造的巢房，除六角形的工蜂房和雄蜂房外，还有不规则的过渡型巢房、三角形的边沿巢房，以及在分蜂季节里筑造的母蜂巢房（王台）。正常的王台一般在巢脾的下缘和两下角，为房口朝下的圆筒状巢房（图 1-2）。王台的形状好像一粒下垂着的花生，外表有凹凸的皱纹，口径比较大。中蜂王台的口径为 6~9 毫米，深度为 18.5~23 毫米；意蜂王台的口径为 8~10 毫米，深度为 22~25 毫米。

　　蜂群筑造巢房的蜡质，是工蜂腹部 4 对蜡腺的分泌物。工蜂在泌蜡之前，必须先大量吃蜜，蜜液在腹内经过一系列的转化过程就变成蜡液。液态蜡质外泌到蜡腺的镜膜上以后，遇到空气便

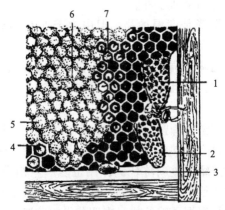

1. 新蜂王正在出房；2. 封盖的王台；3. 王台基；4. 未封盖的雄蜂房；
5. 封盖的雄蜂房；6. 封盖的工蜂房；7. 未封盖的工蜂房

图1-2　巢脾的一角

凝结成蜡鳞。每只工蜂每次只能分泌 8 片蜡鳞，筑造一个工蜂巢房大约需用 50 片蜡鳞，而筑造一个雄蜂巢房则需 120 片蜡鳞。

　　蜜蜂营造巢脾时，是用后足戳取蜡鳞，经前足转送到口器，用上颚咀嚼并混入唾液，使蜡鳞成为柔软富有弹性的蜡质。在天然蜂巢中，营巢的蜜蜂需排成锁链式的连串，悬挂在准备筑造的巢脾下部的上端，然后用蜡质逐渐筑成垂直而且互相平行的固定巢脾，并使巢脾的厚度和蜂路距离符合自身的需要。采用活框蜂箱饲养的蜂群，工蜂可以用蜡质在人工压制的巢础上加高筑成巢房，由于工作面宽，而且有巢房的模型，不仅造脾速度快，而且巢房整齐。质量高的巢脾，都是整齐的工蜂房。一个标准巢框，可筑造成一个拥有 7 600~7 800 只中蜂工蜂房或 6 600~6 800 只意蜂工蜂房的巢脾。

　　3. 蜂巢的温湿度

　　营群体生活的蜜蜂，能够调节巢内的温度和湿度，保持蜂巢内具有比较稳定的生活条件。

虽然单只蜜蜂是变温动物，但由成千上万只蜜蜂组成的蜂群，则具有恒温动物所特有的调节温度的能力。一群蜜蜂数量的多少，与蜂巢温度的调节能力有直接关系。蜜蜂数量越多，蜂巢内的温度越稳定，并且能够在子脾周围保持适于蜂子发育的温度（34~35℃）。

蜜蜂主要靠消耗蜂蜜保持集内稳定的温度。一般有机体每消耗1克糖，可以产生热量17.5千焦。蜂群中除了成年蜂能够产生热量外，封盖蛹通过新陈代谢作用也能产生相当数量的热量。在蜂群产生的总热量中，封盖蛹所产生的热量占15%~17%。

蜂群一般是根据子脾的状况来调节集内的温度。在没有子脾的情况下，蜂巢温度将随着外界气温的变化而上下波动，巢温保持在14~32℃；蜂巢内有子脾时，有子脾的部分温度就稳定保持在32~35℃，蜂巢外侧没有子脾的部分，温度则在20℃上下。蜜蜂对巢温变化的反应是非常敏感的，32℃以下或35℃以上的温度，就会使蜜蜂发育期推迟或提早，而且羽化的蜜蜂不健康，易发生束翅病。

蜂巢内的空气湿度一般没有温度稳定，子脾之间的相对湿度通常保持在75%~90%。在流蜜期，随着采蜜量的增加，它们就加强通风，把巢内的相对湿度降低到40%~65%，以促使蜜中水分蒸发。如外界蜜源稀少，天气炎热干燥，就有许多蜜蜂出来采水，以满足它们生活上对水的需要。

4. 蜜蜂食料的采集

采集食料是工蜂主要的外勤工作，而担当采集工作的主要是出房15天以后的壮年蜂。但在外界蜜源丰富或群内壮年蜂较少的情况下，青年蜂也会适当提早担当外勤采集工作。工蜂从这时起，几乎一直采集食料到衰老死亡为止，且基本上都死在采集的岗位或飞行途中，极少死在巢内。

工蜂采集飞行最适宜的温度为 20~25℃，但在外界气温不低于 8℃时，就能飞出巢外。蜜蜂每天飞行时间的长短，以气温和蜜源植物泌蜜的特性为转移。每只采集蜂每天出巢采集一般 8~10 次，多的可达 20 多次。

工蜂飞出采集的地点，一般在半径 2 千米的范围内。如果蜂场附近缺乏蜜源，也能飞到 3~4 千米的地方去采集，甚至远达 6 千米以上。工蜂在出巢采集之前，大约要吃 2 毫克蜂蜜，以维持飞行 4~5 千米路程所需消耗的能量。

工蜂采集花蜜时，用吻将花蜜吸到腹中的蜜囊内携带回巢。工蜂蜜囊与中肠之间有个活塞，采集时关闭活塞，花蜜暂存于蜜囊中而使腹部膨胀，当它需要取食时才打开活塞，蜜液即会进入中肠。工蜂在采集花蜜的同时，把含有转化酶的涎液混入花蜜，使花蜜中的蔗糖开始转化。采集蜂归巢后，即收缩腹部，把蜜囊中的蜜汁一滴一滴地吐给数只内勤蜂，由内勤蜂继续加工酿造。内勤蜂利用喙的抽缩把花蜜酿造一段时间，然后将这些还未成熟的蜜汁吐涂到巢房壁上，以扩大蒸发面。与此同时，有不少蜜蜂进行扇风，使蜜汁中的水分逐渐蒸发，待蜜汁基本成熟时再集中装满巢房，然后用蜡逐渐从外围到中央将蜜房封盖。蜂蜜成熟过程所需的时间，依花蜜的浓度、群势的大小以及气候条件而异，一般需经历 3~5 天。如蜜房封盖大部分呈鱼眼睛状，说明蜂蜜已经成熟，就可以着手采收。

大流蜜期间，如果一个上继箱有 4 万只蜜蜂的蜂群，其中有半数参加采集，在良好的气候条件下，每只采集蜂每天平均采集 10 次，全群一天可采花蜜 10 千克，最后酿成蜂蜜 5 千克。中蜂个体较小，每只工蜂每次采蜜量仅有意蜂的 70%~80%，如一箱有 6 足框群势 1.5 万只蜜蜂的中蜂群，也是一半的蜜蜂参加采集，在天气好的情况下，每只采集蜂每天平均也采集 10 次，全群大约可采花蜜 3 千克，最后酿成蜂蜜 1.5 千克。

工蜂除采集花蜜以外，在蜜源缺乏的季节，也会从蚜虫、介壳虫等的分泌物上采回甜汁，酿成"甘露蜜"。这种蜜没有花香味道，且杂质多，质量差，如用作蜜蜂的越冬饲料，常会发生蜜蜂食物中毒现象。

工蜂采集花粉时，主要是依靠全身有分叉的绒毛和有特殊构造的 3 对足。当它们钻进花朵时，借助口器和全身绒毛咬散和蘸取花粉，并用 3 对足在雄蕊上刷集。随后一边活动一边用前足和中足的跗刷收集头部和胸部及其腹部所黏附的花粉，并用花蜜将花粉湿润，使之黏合，然后转给后足，再经过左右两足相互动作，并利用后足的夹钳把花粉刮集并依次推挤入后足的花粉筐，堆积成团状。每只工蜂一次携带的两个花粉团，重量 5~30 毫克。为了便于飞行，两只后足所携带的花粉团的重量基本相等，在归巢飞行中，两只中足还向后托着后足，以减轻后足携带花粉团的承受力。采集花粉的工蜂返巢后，便寻找靠近子圈的空巢房或未装满的花粉房，将腹部和一边后足伸入巢房，然后用中足胫节末端的距（花粉刷），把花粉团铲落房内。铲完一边花粉团后，再铲另一边花粉团。花粉团铲落在巢房内以后，便由内勤蜂把花粉团咬碎，掺和蜂蜜并混入唾液使花粉湿润，再用头部顶实。花粉在乳酸菌的作用下，即成为蜂粮。蜂粮含有丰富的蛋白质，是 3 日龄后大幼虫和内勤蜂必需的食料。育成 1 万只的蜜蜂大约需要 1 千克的花粉。一个 5~20 足框意蜂的强群，每年可采集 20 千克以上的花粉。

蜂群的生活离不开水，稀释蜂蜜、饲喂幼虫和降温增湿都需要水分。一只工蜂每日采水可多达 50 次，每次重约 25 毫克。在主要流蜜期，蜂群可以从花蜜中得到充足的水分，而在蜜源缺乏的时期，特别是夏秋干热季节，蜜蜂就需要大量外出采水。因此，养蜂场附近应有干净的水源，或在场上附设饲水设备，以供蜜蜂采水。

蜜蜂在生长发育过程中也需要无机盐。因此，可以经常看到蜜蜂在人畜尿中或有盐分的液体中采集。另外，西方蜜蜂还有从树芽或植物的破伤部位采集树脂的性能。树脂混入部分蜂蜡和花粉即成蜂胶。蜜蜂用蜂胶涂刷箱壁、粘固巢框、阻塞洞孔、充填裂缝、封缩巢门、封埋敌害，并用蜂胶掺入蜂蜡筑造巢脾，以增强巢脾牢固度。而东方蜜蜂没有采集树脂的特性，所以中蜂的巢脾洁白而脆，生产的蜂蜡和巢蜜质量也高。

5. 蜜粉源植物对蜂群的影响

蜜粉源植物是蜜蜂赖以生存、繁殖和发展的生活源料。据国内外研究资料报道，一个中等群势的意大利蜂群，一年需要消耗蜂蜜约 75 千克、花粉约 25 千克。从养蜂生产的角度来看，收多少蜂蜜在于气候和蜂群，而有收无收则在于蜜粉源，这说明蜜粉源植物是养蜂的先决条件。

一个地区能不能养蜂、能养多少蜂群、养蜂场设置在哪里首先取决于该地区的主要蜜粉源植物和辅助蜜粉源植物的种类、数量、面积和分布状况。蜜蜂采集的有效半径一般为 2~2.5 千米。因此，必须先了解在这个范围内蜜粉源植物的分布情况，而后了解蜜粉源植物的数量和面积。例如 1/15 公顷（1 亩）的荔枝和龙眼可以放置 2 群意蜂或 4 群中蜂；1/15 公顷（1 亩）油菜或紫云英可以放置 2~3 群意蜂或 4~5 群中蜂。以此来估计该地区能够容纳多少蜂群。

蜜粉源植物的种类、花期、开花泌蜜的情况，决定了蜂群周年生活的消长规律，也是进行蜂群管理的依据。例如，在福建南靖山区，一年有小暑和冬季两次主要蜜源植物开花流蜜，当地的蜂群在周年生活中形成波浪式的消长规律。因此，在饲养管理上要抓好春季和秋季的繁殖，使蜂群能迅速地壮大，以便到小暑蜜粉源植物和冬季蜜粉源植物开花流蜜到来之时，能及时调整群势、集中群势迎接流蜜期，从而获得较好的收成。

6. 气候因素对蜂群的影响

气候因素对蜂群的繁殖、出勤采集等有着直接的影响。在气候各因素中，以光照、温度、湿度、空气、雨量和风等对蜜蜂的影响最为突出。

光照能刺激蜜蜂的出勤。在采集季节里，为了争取较长时间的日照，蜂场坐落位置和巢门朝向应以朝南为宜；而交尾群则以朝西南为好，因处女王多数是在午后进行交尾。在夏秋高温季节，为了保存蜂群实力，蜂箱忌午后的西照。在冬季和早春，由于早晨温度低，为避免蜜蜂受早晨日照的引诱而出巢冻死，蜂群的巢门不可朝东。夜间蜜蜂有趋光现象，为避免蜜蜂被光引诱飞出巢外造成损失，蜂群的巢门切不可面对光源。人的眼睛能辨别光谱中约60多种不同的颜色，而蜜蜂只能辨别黄、白、蓝3种颜色，同时能看到人们看不到的紫外线，但对于红色是色盲，它对红色的视觉效果跟黑色一样。因此，在蜂群数量很多、排列又比较密集的蜂场上，为了帮助蜜蜂识别自己的蜂巢，可以在不同蜂箱上分别涂上黄、白、蓝等颜色。根据蜜蜂是红色盲的特点，夜间对中蜂实行过箱、摇蜜时，可用红灯照明，以避免蜂群骚动或造成损失。但蜜蜂在夜间的警惕性很高，手触动立即会受到其攻击而被螫，就是用红灯照明也难以操作，只能在室内检查越冬蜂群时使用红灯照明。

温度的变化直接影响到蜜蜂的体温和蜂群的生活。蜜蜂身上没有羽毛，也没有皮毛，不具备保温能力，它们的体温是随着气温的变化而变化，因此称为变温动物。单个蜜蜂在静止状态时，它的体温接近气温。中蜂和意蜂个体安全临界温度不同，中蜂为10℃，意蜂为13℃。当气温下降到13℃以下时，静止的单个意蜂就开始冻僵，而中蜂仍然可以正常活动。飞行中的蜜蜂要比静止的蜜蜂体温高10~16℃。

蜂巢中的温度，依蜜蜂的数量和群内有无子脾而有差异。蜜蜂的数量越多，蜂巢的温度越稳定。群内有子脾时，蜂巢中央的温度会均匀保持在34～35℃；当群内无子脾时，蜜蜂会很快地将巢温下降到14～32℃。

　　蜜蜂的脂肪体很不发达，必须依靠吃蜂蜜来产生热量，而且蜂群是由成千上万只蜜蜂组成的，能够依靠群体来战胜寒冷，因此蜂群也具有恒温动物的能力：能调节自身温度。当外界气温降低到14℃以下时，蜜蜂就逐渐减少或停止飞翔；气温继续下降，蜜蜂便结成蜂团；温度愈低，蜂团便结得愈紧，消耗的蜂蜜也愈多。结团的蜜蜂还慢慢地、不停歇地在运动。处在蜂团外层的蜜蜂逐渐往里钻，把里层的蜜蜂挤到外层；而后露在外层的蜜蜂又往蜂团里面钻。蜂团就是这样不停地循环，缓缓地运动，渐渐地消耗蜂蜜，不断地产生热量，使蜂团中心始终保持一定的温度。尽管外界的气温很低，甚至在0℃以下，而蜂团中心的温度却一直能保持在14～32℃。

　　当外界气温升高、巢内温度超过34.8℃时，蜜蜂就开始采取各种措施来降低巢温：首先减少子脾上蜜蜂覆盖的密度，接着部分蜜蜂离开子脾爬到箱壁、箱底或箱外；少数蜜蜂在巢内或巢门口扇风，以增强巢内空气流通，排出巢内的热气；有一些蜜蜂进行采水，把水珠分洒到巢内各处，使其蒸发吸收热量。在高温季节，蜜蜂就是这样依靠疏散、扇风、采水等方法，来保持蜂群正常所需的温度。

　　湿度对蜂群的生活和蜂王幼虫的发育也会有一定的影响。一般情况下，巢内的相对湿度常保持在35%～45%；而子脾之间的相对湿度以75%～80%为宜。但相对湿度短时间的变化，对蜂王幼虫的影响不是很大。在流蜜期间，蜜蜂采集回巢的花蜜中含有大量的水分，除一部分被蜂群利用外，大部分要化为水蒸气排出巢外。这时，蜜蜂会用扇风的方法，把巢内的相对湿度降低到40%～65%；如果外界蜜源缺乏，天气又干燥，蜜蜂则需大量采水，用水来调节巢内湿度。越冬期间，越冬室的相对湿度应保持在75%~80%，巢内蜜脾上的蜂蜜要从空气中吸收适量的水分才能供蜜蜂取用。

意蜂与中蜂的扇风习性不同：意蜂扇风时，是头朝巢门口两翅向外，把蜂巢内水分由巢门抽出；而中蜂扇风时，是头向外两翅向内，把巢外的空气扇入巢内，使水蒸气上升，由副盖或箱缝透出。因此，在夜间温度较低时，意蜂巢内不会潮湿；而中蜂巢内由于水蒸气四处散发，碰到副盖或箱壁时，特别是没有蜂群巢脾这边的空间，由于温度较低，箱壁和副盖上便凝结许多水珠，这种情况在春末夏初的流蜜期更为突出。所以中蜂箱壁潮湿是好现象，说明蜂群进蜜多，群势好，有生气。

新鲜流动的空气是蜂群生活的必要条件。蜂群巢内的空气不流通，蜜蜂会不安，闷热时会出现骚动。所以，在蜂群转地过程中，或在北方户外越冬雪花堵塞蜂群巢门期间，要特别注意蜂群的通气状况，尽量避免闷死蜂群造成损失。

长期的阴雨，蜜蜂不能出巢采集，会影响蜂群的繁殖。突然发生的暴雨，会使外出采集的蜜蜂来不及归巢而遭受惨重的损失。

刮风会影响蜜蜂的飞行采集。刮6级以上的大风时，蜜蜂不能出巢采集；有4级风力时，蜜蜂外出采集常被迫贴近地面进行低空飞行。因此，在经常刮风的地方放蜂，蜂场地点应设置在蜜粉源的下风处，使蜜蜂空载出巢时逆风而去，满载后能顺风而归。

7. 蜂群的周年消长与生活规律

根据蜜蜂数量和质量状况，可以将蜂群在一年中的生活分为若干时期。在南方的意蜂可分为春季恢复和群势发展时期；春末夏初季分蜂和生产时期；夏季群势衰退时期；秋季恢复和更新时期；冬季蜂王停卵越冬时期。但南方的中蜂在冬至前还是采冬蜜的季节，只有在 1 月有短时间的蜂王停卵越冬时期。在一年中，蜂群群势变化呈一条弧形的曲线。在一般情况下，越冬后的早春阶段蜂数最少，以后逐渐增多，从几框发展到几十框蜂，并进行分蜂；但经过流蜜期后，到夏季有个停滞发展和下降阶段，随后又上升发展；进行秋季的更新后，又回到几框蜂的群势；之后进入越冬时期。

北方的蜂群经过漫长的越冬后，剩下的越冬蜜蜂是蜂群周年生活的起点。当早春气温回升后，工蜂利用风和日暖的天气，出巢进行第一次排泄飞行。随着季节的变化，蜜蜂利用自身的运动将蜂巢中心的温度提高到 32℃ 以上，蜂王开始产卵。蜂王一开始产卵，蜜蜂就将蜂巢温度保持在 32~35℃，蜂蜜的消耗也随着增加。开始时，蜂王每天产卵仅 100~200 粒，以后随着蜜蜂将蜂巢中心保持稳定的育虫温度范围的扩大，蜂王产卵量逐渐增加，产卵圈也随之扩展。

秋季羽化的越冬蜂，由于没有参加过哺育幼虫的工作，它们的营养腺、脂肪体仍保持初期发育状况，到越冬后的第二年春季，还有较强的哺育幼虫的能力。因此，在秋季蜂群培育的越冬蜂越多，群势越强，到来年春季，蜂群哺育幼虫的能力就越强，春季群势恢复发展就越快。

在越冬后的 30~40 天时间内，虽然有新蜂逐渐出房，但越冬的老蜂也逐渐死亡，初期是死多生少，往往会造成群势下降，以后才达到生死平衡，进而才逐渐发展到死少生多。当新蜂完全更替越冬老蜂时，蜂群的恢复时期便结束。如果此时蜂群管理不当，就会使蜂群的恢复时期延长。

经过新陈交替的蜂群，由于质量发生很大变化，蜂群的哺育力有很大提高。加上气候、蜜粉源的好转，蜂王产卵力也随之提高。因此，蜂群发展很快，呈直线上升态势。经过 2~3 个月的时间，蜂群能够从原来的 3~4 框蜂发展到 10~20 框蜂。随着群势的壮大和外界气温的升高，蜜粉源日渐丰富，蜂群便会产生分蜂热，出现自然王台，进行自然分蜂。分蜂时期常处于蜂群发展阶段的后期，甚至贯穿整个生产时期。因此，管理上应采取提早育王、及早进行人工分群、培养强群或集中群势的措施来迎接生产期。

在主要流蜜期，蜜蜂采蜜和酿蜜的工作量大，易因过于劳累而衰老。蜜蜂的寿命短而死亡率高，加上大量花蜜贮满蜂巢而影响蜂王产卵，蜂群在流蜜期结束后，群势会急速削弱。

夏季由于天气炎热，有蜜粉源的地区，蜜蜂劳动量大，寿命缩短；缺乏蜜粉源的地区，会造成蜂王有一段时间的停卵，使子脾脱节；加上敌害多，蜜蜂会有所损失，因此会使蜂群的群势继续衰弱下降。

经过夏衰的蜂群，在南方，秋季还有一些蜜粉源植物开花，蜂王又恢复产卵，并日益增多，子脾不断扩大，幼蜂大量出房，又出现第二个恢复时期；而在北方，由于气温逐渐降低，群势发展不明显，只能保持基本平衡的局面。因此，必须充分利用秋季最后一个蜜粉源，贮备大量的越冬食料，并培育一批越冬蜂。参加过采集和哺育工作的工蜂逐渐死去，最后只剩下一批没有参加过采集和哺育工作的幼蜂。这一批幼蜂到第二年春天，各种腺体仍然保持初期发育的状态，仍具有哺育幼虫的能力，能够把蜂群的生命延续下去。但这批幼蜂，必须利用晚秋不低于12℃的晴暖天，让其进行越冬前的排泄飞行。因为蜜蜂只有在飞行时才能排泄粪便。秋季出生的幼蜂如果来不及排泄粪便，就不能安全越冬。

当蜂群中的蜂子全部出房以后，蜂群内就不需要继续保持稳定的32~35℃温度，而逐渐下降到接近气温，巢温随着气温的变动而变动。气温下降到接近14℃时，蜂群就会在贮存蜂蜜的巢脾上形成明显的蜂团。蜂王一般在蜂团的中央，全群蜜蜂就聚集在它周围的巢脾，成为一个蜂球（冬团）。冬团起初比较松散，随着气温下降而紧缩，但始终保持紧密的外壳和松散的内核。

冬团外壳表面的温度一般保持在 6~8℃，内核的温度为 14~30℃，并在此温度间作周期性变化，一个周期大约为一昼夜的时间。当内部温度下降到 14℃ 时，蜜蜂就开始吃蜜产生热量，使温度上升到 24~30℃；然后随着热量的散失，温度慢慢下降，将内核的温度传导到外壳，使外层蜜蜂的温度维持在 7℃ 左右。因此，在越冬期间，对蜜蜂的任何干扰，都会引起蜂群骚动不安，使冬团的温度上升，蜂蜜的消耗量增加。

冬团的蜜蜂随着食料的消耗，开始向上和向后移动，再向邻近有蜜的巢脾移动。在低温越冬时，有时因邻近巢脾存蜜不多或无蜜，往往造成整群饿死。

冬团的蜜蜂需要氧气，并排出二氧化碳和水蒸气。新鲜的冷空气进入冬团以后，受热缓缓上升被蜜蜂所利用，然后穿过冬团上部排出。蜜蜂能够在空气中的含氧量下降到 5%、二氧化碳含量高达 9% 的条件下生活，而在这种条件下其他动物是难以生存的。

三、蜜蜂的行为

蜜蜂在长期进化演变过程中，为适应生存和繁衍种族的需要，本能地通过简单的神经活动表现出各种行为。这些行为包括非条件反射和条件反射两类。现介绍蜜蜂在日常生活中几种较显著的行为。

1. 自然分蜂

蜜蜂是以群体为生存单位的社会性昆虫。自然分蜂是蜜蜂增加生存单位最重要和最突出的群体活动。当气候温暖、外界蜜粉源充足、群势发展旺盛、群内产生雄蜂和培育新王以后，老蜂王和一部分蜜蜂即会飞离原巢，到新的地方营巢，将原巢留给即将出台的新王和剩下的那部分蜜蜂，于是原来的一群蜜蜂即变成两群蜜蜂，这就是"自然分蜂"。

自然分蜂一般发生在春末夏初，此时气候温暖，外界有比较充足的蜜粉源，为育虫培养强群提供了物质基础。随着蜂群逐渐强大，新蜂不断出房，致使巢内拥挤，通气不良，加上粉蜜充塞巢房，蜂王因缺乏产卵的地方而减少产卵，造成哺育蜂过剩。另外，由于蜜蜂数量增多，每只工蜂所能得到的蜂王物质相对减少，工蜂卵巢的发育和建造王台的控制力减弱，这在老王群显得更为突出。这样，蜂群只有通过自然分蜂，增加生存单位，才能解决巢内的矛盾，并使种族得以延续和繁衍。

蜂群发生自然分蜂，必须经过一个酝酿和准备过程，这个过程叫做"分蜂热"。当蜂群发生分蜂热时，蜂群就会发生一系列的变化。在一般情况下，蜂群首先建造雄蜂房并培育雄蜂，当雄蜂封盖后即建造王台基并培育新王，然后才进行自然分蜂。而蜂王在工蜂建造的王台基内产卵，是自然分蜂可靠的征兆。

自然分蜂通常在王台封盖后2~5天发生，早的可在王台封盖后2天，迟的在王台封盖后7天发生。一般在王台封盖后，工蜂就少喂或停喂蜂浆，而且巢内的空房全被工蜂采回的粉蜜占满，使蜂王缺乏产卵的地方。蜂王少产卵或停止产卵，腹部也就逐渐收缩了。最后，工蜂也发生怠工现象，不久便发生自然分蜂。

自然分蜂一般发生在新蜂王出房前2~3天，通常在晴暖风和之日的7:00~16:00，其中以11:00~15:00最为常见，也有极个别蜂群发生在傍晚或阴雨天。分蜂之前，工蜂极少外出采集，参加分蜂的工蜂都在巢内吸饱蜂蜜。分蜂开始时，先有少数工蜂像试飞一样在蜂巢周围低空飞绕，以后蜂数逐渐增多。1~2分钟后，大批工蜂便从巢门口蜂拥而出，随后老蜂王也飞离原巢，分出的蜂群在蜂巢上空飞绕，声音大作，发出"嗡嗡"的喧哗声。

经过 5~10 分钟后，分蜂群便在蜂巢附近的树干或适当的附着物上团集，原来混乱的局面便平静下来。结团以后，常静止 2~3 小时，傍晚发生自然分蜂的蜂团，有时也会过夜。分蜂群暂时团集的目的，一来是检查蜂王是否到来，二是寻找和评选新址。所以，当蜂团安静时，蜂王常会在蜂团外围巡游一周，显示它已经到来，然后才从蜂团下方中央的缺口进入蜂团的中央；若蜂王因剪翅或其他原因失落没有来，蜂团不久就会解散并飞返原巢。分蜂群的侦察蜂找到新址以后，回到蜂团表面就用舞蹈的方式告诉同伴所找到新址的方向和位置，让同伴进行评选，其中必有一路侦察蜂所找到的新址得到同伴的赞成，此时同伴会一起振翅表示赞同，而后就由这路的侦察蜂引导蜂团飞往新址。当分蜂群像一朵浮云飞抵选定的新址时，蜜蜂就像一阵骤密的雨点洒落似的，拥进新址的巢门。如果这个巢门比较隐蔽，先到达的工蜂就会在巢门附近发出蜂臭，招引同伴到来。

分蜂群到达新址以后，工蜂即利用由原巢带来的满腹蜂蜜，开始泌蜡造脾；守卫蜂也在巢门口设起岗哨；第二天采集蜂开始采集粉蜜。不久，蜂王就会在新造的巢脾上产卵，蜂群即进入正常生活。

蜜蜂在自然分蜂之前，对原巢的位置记得一清二楚。但一经分群，新分出群到达新址以后就把老巢忘得一干二净。由于分蜂群有暂时栖集结团的习性，工蜂吸饱蜂蜜不易螫人，同时又忘掉原巢。因此，这很有利于养蜂者对分蜂群的收捕和安置。

老蜂王进行第一次分蜂以后，大约在最成熟的新蜂王出房的前一昼夜内，工蜂即咬去王台端部的封盖，留下一层薄层，这样处女王只要自己从内部顺王台口将这一薄层咬开就可以出房。第一只处女王出房后所做的第一件事即是寻找并破坏其他王台。如果此时幼蜂已陆续出房，蜂群的群势仍比较强，工蜂就会紧密围护各个王台，不让处女王破坏，这样就会迫使这只先出台的处女王再进行自然分蜂。这次的自然分蜂群栖集的地点会较远较高，而且会跟随较多的雄蜂。第二次自然分蜂之后，第二只出房的处女王又会重演破坏王台的行为。假如此时群势已衰，工蜂对王台的守护就不尽周到，会让处女王将其余的王台全部破坏，自然分蜂便告结束。如果王台未能破坏，还会发生第三次自然分蜂。处女王与工蜂之间对王台存在着如此对立的矛盾，是蜂群适当分蜂的本能表现。

2. 悬空筑巢

蜂巢里的巢脾，是蜂群赖以生存的基础，飞离原巢的分蜂群如果不能马上建造新的巢脾，就会失去立足和生存之地。

当分蜂群迁入一无所有的洞穴以后，首先会汇集在洞穴的顶端，无规则地挤成一团。不久，这个蜂团就逐渐集中，形成一个倒挂的半球体。如果我们将手伸进这个半球形的蜂团时，就会感触到在蜂团中间有规律地形成一层层垂直挂下来的、几乎是平行的片状蜂链。这一片片互相平行的片状蜂链的走向，基本上就是蜜蜂建造片状巢脾的走向。

分蜂群进入新巢后，绝大部分的蜜蜂都必须参加筑巢。由于蜂巢是悬空倒挂的，参加筑巢的蜜蜂大部分不能直接参加施工，它们的任务只是互相连起来，搭成蜂链。筑巢时，泌蜡蜂挑起蜡鳞后就顺着蜜蜂搭成的蜂链往上爬，当它爬到巢顶时，将经咀嚼变得柔软而黏稠的蜡鳞贴到巢顶上去，贴完以后就退出施工现场。经过无数泌蜡蜂如此往复有序的粘贴，才逐渐连接成一条条互相平行似鱼脊柱的巢脾基础。

蜂巢内光线很弱，特别是蜜蜂多在夜间造脾。蜜蜂能在黑暗中建造成同样规格的六角形巢房和整齐的巢脾，主要是靠它头上的两根触角。蜜蜂的触角是具有多种功能的器官，它既是感觉器官和触觉器官，又是味觉器官和嗅觉器官。在建造巢脾时，工蜂的触角充分发挥了"测量工具"的作用，它的触角可以灵敏地感知房壁的高低、测量房壁的厚薄和巢房内径的大小。经过工蜂触角的测量，凡是不符合标准的巢房，它们都会耐心地进行反复修琢。

蜂群筑造蜂巢时，必须具备适宜的温度。一个分蜂群迁入新居后，要等待蜂团里的温度升高到35℃时才开始筑巢，而且在整个筑巢过程中都必须保持"作业区"这个恒定温度。否则，筑巢工作就会暂时停业，这也是强群造脾快的基本条件。

3. 空中婚礼

蜂群中的蜂王和处女王是不同的，处女王不等于年幼的蜂王，或者说处女王并不一定会成长为蜂王。处女王和蜂王之间有一个质的差别，即处女王没有能力承担产卵蜂王的职责。处女王必须在巢外空中与雄蜂进行婚礼交配后，才能成为蜂王。

刚从王台出房的处女王，腹部修长。一两天后，腹部即收缩，行动灵活，但怕光。一般从出房3天以后，当天气晴朗温暖的时候，常在上午10时至下午3时飞出巢外，在蜂巢附近练习飞行和认识自己蜂巢的位置。处女王在试飞的时候，因其性未成熟，所以没有雄蜂追随它。经过试飞熟练后的五六日龄的处女王，腹部会开始伸缩抽动，并经常微微翘起腹部，同时尾部的螫针腔会断续开启几秒钟，或爬行时闭合，停止时开启，并开始有工蜂追随，这就是性成熟发情的表现。

性成熟的处女王会选择晴朗的日子出巢进行婚飞。在婚飞当日的中午，不断有一些工蜂兴奋地环绕在处女王的周围，数目逐渐增多；另有一些工蜂趋向巢门，宛如列队引导；并有一些工蜂在巢门口举腹显示臭腺，扇风散发气味，招引处女王出巢。此时，蜂群正常采集飞行几乎停止，处女王随后出露巢门口，工蜂用头部或前足驱使处女王起飞。若处女王犹豫有返巢的意思，工蜂会加以拦阻，并继续逼迫直至处女王起飞。如果处女王要出巢婚飞而遇上连续的阴雨天，延缓了"婚期"时，它会抓紧第一个好天气，并简化一道手续，在第一次认巢试飞时就进行"旅行结婚"。

雄蜂是处女王空中婚礼要挑选的对象。一般在出房后 12~15 天才进入性成熟期。这一时期称为雄蜂青春期，最适于与处女王交配。雄蜂进行婚飞的时间与处女王婚飞的时间基本是一致的。但对天气的要求没有处女王那样严格，在某些比较爽朗的阴天，雄蜂照样出巢飞行。性成熟的雄蜂要出巢飞行（俗称出游）时，会向工蜂讨食王浆，得食王浆以后的雄蜂即精神百倍地冲出巢门去空中寻找处女王。飞游一段时间找不到目标后，即回巢取食蜂蜜或向工蜂讨食王浆，休息片刻又急急忙忙地冲出巢外出游。在一天当中，它可以这样往返几次。在出游飞行中，有幸与处女王交配的雄蜂，便成了短命的"新郎"。

处女王婚飞交配，通常在气温 20℃ 以上，风和日丽天气的下午 1 时至 3 时进行。它出巢在空中飞行时，会散发出一种雌性激素来招引雄蜂出巢。当有雄蜂追随时，处女王便加快飞行速度；气候越好，追随的雄蜂就越多。处女王和雄蜂的空中婚礼是很特别的，"新娘"是处女王，任何蜂群的雄蜂都可以参加求婚的行列，争当"新郎"。于是：一只处女王在前，在它后面紧紧跟着许多雄蜂，像彗星一样在空中飞，忽高忽低，高的可达 15 米，低时离地仅有 2~3 米，范围可达 10~20 千米。

吃王浆长大的处女王，它在空中飞行得又快又敏捷。在处女王周围追逐的雄蜂，实际上是在进行一场竞争。只有那只最强健而敏捷的雄蜂才能追上它，成为这场竞争的胜利者。处女王大约在空中飞绕十几圈以后，就有许多体弱的雄蜂掉队，最后仅剩下一只最强健的雄蜂紧紧追随。再飞一两圈，这只雄蜂就接近处女王，前足搭住处女王后足而拥抱在一起。这时雄蜂将腹部尾端向处女王尾端伸屈，便一同倾斜缓缓飞行，一分钟内处女王拖着僵直的雄蜂落在地面上。再经过一分钟左右，处女王便挣脱掉雄蜂飞走，地上只留下微微颤动着的雄蜂，交配便告结束。由于雄蜂的生殖器被处女王阴道拔走而脱落，不久便死亡。

处女王交配成功以后，回巢时可见到处女王身上带有灰土，更明显的可见到处女王尾部带一小段白絮状物。这个絮状物就是雄蜂黏液腺排出物堵塞螫针腔所形成的，一般称为"交尾标志"。处女王对这个东西竟毫无办法，只能回巢请工蜂帮忙。处女王返巢后，继续被兴奋的工蜂所跟随，触舔它的"交尾标志"。几只工蜂会跟在处女王后面，用口器咬这根"交尾标志"。当一只工蜂咬住这根"交尾标志"后，处女王即很快将其挣脱掉。处女王在交配至"交尾标志"被工蜂拉出这个过程中，雄蜂生殖器的精液便挤入阴道和成对输卵管中，以后通过腹部弯曲动作使阴道褶瓣闭合，借以阻止精液外溢。再经过输卵管肌肉的收缩，精液便被挤入贮精囊。贮精囊可以贮存几百万个精子。如果处女王第一次交配后贮精量不够，就会呈现出不安状态，又会再飞出进行第二次甚至第三次交配，直到贮精囊贮满精子为止。我们通常所说的蜂王一生只交配一次，是指它开始产卵以后终生就不再进行交配。

处女王交配成功后，即成新蜂王，也就由轻盈活泼的"姑娘"变成端庄稳重的"母亲"。一般在交配一两天以后，新蜂王的腹部逐渐变大、变长，开始在原群留下的旧巢脾中产卵。以后，除了在下一次分蜂时以老蜂王的身份飞出老巢外，在正常情况下就再也不出巢门。

4. 维护群体

群体，是蜜蜂赖以生存与发展的基础和保障，每一只蜜蜂均以群体为核心，以群体利益为最高宗旨，一切行动都服从群体的需要。因此，依恋群体、热爱群体、维护群体是蜜蜂的一大特性和群体行为。

蜜蜂为了群体的生存及种族繁衍，不畏严寒、前仆后继地维护着群体的恒温。当群体遭到危害或敌害攻击时，蜜蜂会同仇敌忾，勇敢地奋起反击，纵然即刻丧命于敌手，也毫不畏惧。当发生灾难时，蜜蜂们患难与共，生死相顾，忠实地聚集在一起，维系着群体的生机。

由于蜜蜂有维护群体的行为特性，所以没有养过蜂的人，说起蜜蜂难免有点心有余悸，走近蜂场时总是躲躲闪闪，唯恐挨螫。其实，蜜蜂并不会随意螫人，不到万不得已时，它是不会轻易用螫针螫人的，更何况蜜蜂螫人后要付出生命代价。只有遇到威胁性的敌害时，蜜蜂才会群起而攻之。

在巢门口执勤的警卫蜂，每当看到本群伙伴采集归来，便热情靠近，让路放行；如果发现别群蜜蜂企图蒙混过关进入巢内时，必定遇到坚决阻截或合力围歼。纵然是凶悍强大的庞然大物，只要会对群体造成伤害，蜜蜂就会群起而攻之，宁为玉碎，不为瓦全。

5. 传递信息

蜜蜂与其他昆虫一样，都有信息素。信息素是一些极其微量的化学物质，具有生理活性，能借助个体间的接触或空气传播，作用于同种的其他个体，引起特定的行为或生理反应。蜜蜂的信息素主要有蜂王信息素、引导信息素、告警信息素和示踪信息素。

（1）蜂王信息素。蜂王信息素主要为上颚腺分泌的信息素，又称蜂王物质。蜂王物质的化学成分很复杂，已经分离出来的就有 30 多种成分。目前能够提纯和人工合成的主要成分有反式 9-氧代-2-癸烯酸和反式 9-羟基-2-癸烯酸。当工蜂饲喂蜂王时，借口器的接触，蜂王将这些物质传给工蜂，再经过工蜂的互相传递，影响整群工蜂的活动和某些生理过程。同时通过蜂王物质在蜂群中的传递，使蜜蜂知道蜂王存在于蜂群之内。

反式 9-氧代-2-癸烯酸具有抑制工蜂卵巢发育和控制工蜂建

造王台的作用。这种酸还是性引诱剂，在交配飞行时可引诱雄蜂，并刺激雄蜂发情。同时它对工蜂也有吸引作用，在蜂群分蜂时能吸引飞散的蜜蜂。

反式9-羟基-2-癸烯酸也有吸引雄蜂和抑制工蜂建造王台的作用，但对分蜂的蜜蜂没有强烈的吸引力，而具有使蜂群聚集安静结团的作用。

此外，还有蜂王背板腺分泌的和蜂王跗节腺分泌的信息素，对吸引工蜂、抑制工蜂卵巢发育及其显示蜂王存在、稳定蜂群也有一定的作用。

（2）引导信息素。工蜂第七腹节背板内的臭腺能分泌一种芳香物质，成分也很复杂，已经分离出来的多为萜烯衍生物。它在引导本群蜜蜂采集食料、定向和结团等方面有重要作用。例如，侦察蜂发现蜜源后，会在蜜源上散发臭腺分泌物，使采集蜂容易找到蜜源；又如，幼蜂进行试飞时，巢门前的蜜蜂会散发臭腺分泌物，引导它们返巢；在发生自然分蜂或飞往新址时，它们会散发气味，引导飞散的蜜蜂找到结团的地方或引导分蜂团的蜜蜂找到新的蜂巢。

（3）告警信息素。告警信息素是蜜蜂受到侵扰时释放的化学通讯物质，以引起蜜蜂奋起"自卫"和攻击敌害。这组通讯物质主要有工蜂的螫腺分泌物和上颚腺分泌物两种。

螫腺分泌物的主要成分为乙酸异戊酯、乙酸正丁酯、乙酸正己酯和乙酸正辛酯等20多种化合物。这些化合物能迅速传递告警信息，激起蜜蜂的刺螫反应和自卫行动。

上颚腺分泌物的主要成分为2-庚酮。当工蜂的上颚咬住敌体时，会将告警信息素留在敌体上，以引导其他工蜂前去攻击。

（4）示踪信息素。除蜂王的跗节腺能释放示踪信息素外，工蜂的跗节腺也能释放示踪信息素。蜜蜂在采集过的花朵上，会留下示踪信息素以引导其他工蜂前往采集。在巢门口留下的示踪信息素，可以帮助返巢的蜜蜂找到巢门。

此外，在工蜂分泌的王浆中含有一种具有生理活性的王浆酸，这种物质的主要成分为反式 10-羟基-2-癸烯酸，具有促进蜂王卵巢发育、增强产卵力的作用。

6. 蜜蜂语言

生活在蜂巢里的蜜蜂，要知道外界有什么蜜粉源植物开花，这些蜜粉源在什么地方，是什么颜色、气味和形状，首先必须有部分蜜蜂出去侦察。这些侦察蜂发现蜜粉源以后，回到巢内又怎样把情况告诉它的同伴呢？为了揭开这个谜，诺贝尔奖获得者德国的卡尔·冯·符瑞西教授经过 20 多年的研究试验，才知道蜜蜂是用不同的舞蹈方式这个特殊的"蜜蜂语言"进行通风报信的。

蜜蜂对食料的条件反射，是它们在进化过程中，受到外界食料的各种具体条件反复刺激形成的，并体现在蜜蜂共同利用食料的行为上。

当某些侦察蜂发现蜜粉源以后，就采集一些花蜜和花粉返回巢内，以花蜜的香味、振翅的频率、触角的相互接触以及"舞蹈"等方式，传递关于蜜源的信息，引导采集蜂前往采集。侦察蜂采集花粉蜜回到蜂巢以后，即在巢脾上进行舞蹈，并把它采到的花蜜分别吐给追随它的蜜蜂。蜜蜂转告蜜源的舞蹈，基本形式有两种：一种是不表示方向的圆形舞蹈，另一种是既能表示距离又能指明方向的摆尾舞。在这两种舞蹈之间还有过渡型的镰刀形舞。

圆形舞只表示在蜂巢附近有蜜源，不指明蜜源的方向和距离（图 1-3）。例如在蜂巢附近百米的地方发现蜜源时，归巢蜂就在巢脾上跳圆形舞。它以快捷短促的步伐在巢脾上跑小圆圈，并经常改变方向，时而向左，时而向右，在不同的方向跑 1~2 个圆圈。它可能跳圆形舞几秒钟，或长达 1 分钟，然后停下来，吐给附近的蜜蜂几滴花蜜，再爬到另外一个地方去舞蹈。舞蹈蜂刺激起附近的蜜蜂，它们追随着舞蹈蜂，以触角指向它。不久这些蜜蜂即飞离蜂巢，去寻找蜜源。

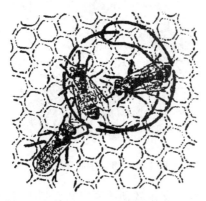

图1-3　圆形舞

如果蜜源距离蜂巢比较远，归巢的侦察蜂就在巢脾上表演"8"字形的摆尾舞。"8"字形摆尾舞不但能表示蜜源的距离，而且能指明蜜源的方向和位置（图1-4）。舞蹈蜂在巢脾上先跑直径不大的半圆圈，而后沿直线爬几个巢房，接着向相对方向转身，在对面再跑个半圆，呈"8"字形。在沿直线爬行时，身体向两旁极力摆动。在这种舞蹈中，蜜源的距离是以一定时间内摆尾转身的次数表示出来的。根据符瑞西教授将近4 000次的观察结果，在100米处采蜜回来的是15秒钟内转身9~10个半圆圈；200米处是7个半圆圈；1 000米处是4个半圆圈；而6千米处的仅有2个半的半圆圈。另外，直跑时的摆尾次数也表示距离，例如在一次直跑时摆尾2~3次，表示距离100米；摆尾10~11次，表示距离700米。

方向是以直跑时头朝上表示蜜源向着太阳的方向，反之是背着太阳的方向。位置是以直跑时的方向与巢脾上的垂直线所形成

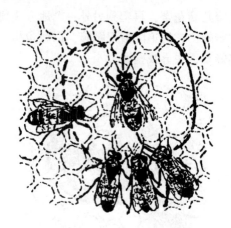

图1-4 "8"字形摆尾舞

的夹角来表示。这个夹角就是从巢门到太阳所引的直线与从巢门到蜜源所引的直线所形成的（图1-5）。如果直跑朝逆时针方向与巢脾垂直线成一定角度，蜜源即位于左方相应的角度上［图1-5中的（2）］；直跑朝顺时针方向和巢脾垂直线成一定角度，表明蜜源位于太阳右方相应的角度上［图1-5中的（3）］。

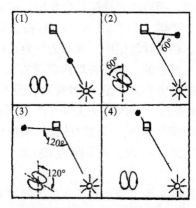

图1-5 蜜蜂"8"字形摆尾导向

蜜蜂是根据太阳的方位找到蜜源和返巢的。由于蜜蜂的复眼能辨别偏振光的偏角度，可以透过云层知道太阳的位置。所以，即使是在阴天，它也不会迷失方向。

　　蜜蜂找到蜜源以后会用舞蹈这种特殊语言告知同伴，这种行为对蜂群的生存有着重要的生物学意义。不论蜜源在任何偏僻的角落，只要有一只蜜蜂发现它，在不太长的时间内整群蜜蜂就会把这个蜜源很好地利用起来。

　　蜜蜂除了具有非条件反射的本能行为外，还具有条件反射行为。例如用浸过某种植物花朵的糖浆去饲喂蜜蜂，可训练蜜蜂到它们平时不喜欢的花朵上采集，以达到利用蜜蜂为特殊经济作物授粉的目的。但是，条件反射不是蜜蜂在长期自然选择过程中所建立起来的适应性反应，而是它们在生活过程中暂时得到的，因此失去也快。如果要使建立起来的条件反射行为不会很快失去，就必须不断地强化。

第二章　蜜粉源植物与养蜂机具

第一节　蜜粉源植物

分泌花蜜可供蜜蜂采集的植物称蜜源植物，产生花粉的可供蜜蜂采集的植物称粉源植物。蜜粉源植物是养蜂业的物质基础。一个地区蜜粉源植物对蜜蜂的生活有重要影响，同时也影响着蜂群的饲养管理方法。

一、蜜粉源植物的类型

1. 主要蜜源植物

一般把数量多、面积大、花期长、分泌花蜜多、可以生产大量商品蜜的植物称为主要蜜源植物。如油菜、紫云英、柑橘、刺槐、枣树、荆条、椴树等。

2. 一般蜜源植物

指能取到商品蜜，但数量没有主要蜜源植物多，或是虽然单产高，但只分布于局部地区的植物。如苹果、沙枣、薄荷、枸杞子等。

3. 辅助蜜源植物

只能供蜂群自己生活需要或仅能取到少量商品蜜的植物，称为辅助蜜源植物。如桃、梨、苹果、山楂等。

4. 药用蜜源植物

指能为蜜蜂提供花蜜或花粉的药用植物。如党参、薄荷、枸杞子、黄连、黄芪等。

5. 有毒蜜源植物

指产生的花蜜和花粉，能使人或蜜蜂出现中毒症状的植物（图2-1）。如藜芦蜜、粉能引起蜜蜂中毒死亡；茶树或油茶蜜对人无害但对蜜蜂有毒，可使幼虫腐烂；雷公藤、昆明山海棠的花蜜和花粉对蜜蜂无毒，但对人有毒；博落回花蜜和花粉对人和蜜蜂都有剧毒。

(a)雷公藤　　　　　(b)博落回　　　　　(c)藜芦

图2-1　部分有毒蜜源植物

6. 粉源植物

能为蜜蜂提供大量花粉兼有少量花蜜的植物，包括大量风媒植物和一些虫媒植物。如松、玉米、高粱、水稻、猕猴桃、瓜类、棕榈树、蒿等。

7. 胶源植物

这些植物分泌树脂、树胶液，并能被蜜蜂采集加工成蜂胶。如柳科、松科、桦木科、柏科植物，以及桃、李、橡胶树等。

8. 甘露植物

某些植物嫩枝、幼叶或花蕾等表皮渗出像露水似的含糖甜液，能被蜜蜂采集加工成蜜，这类植物称甘露植物，如马尾松、银合欢等。

9. 蜜露植物

某些昆虫（如蚜虫）以口器刺穿某些植物吸食液汁后排出含糖甜汁液，这些植物称蜜露植物，如高粱、玉米、棉花等。

二、我国主要蜜粉源植物

1. 主要蜜粉源植物种类

（1）我国主要蜜源植物（表2-1）。

表2-1　我国主要蜜源植物

名称	花期（月份）	花粉	蜂群产蜜（千克）	主要分布地区
紫云英	3—5	多	10~30	长江流域
柑橘	3—5	多	10~30	长江流域
荔枝	3—4	少	20~50	亚热带地区
龙眼	5	少	15~25	亚热带地区
荆条	6—7	中	20~50	华北、东北南部
椴树	7	少	20~80	东北林区
刺槐	5	微	10~50	长江以北，辽宁以南
油菜	12月至翌年4月或7月	多	10~50	长江流域，三北地区
橡胶树	3—5	少	10~15	亚热带地区
苕子	4—6	中	20~50	长江流域
柿树	5	少	5~15	河南、陕西、河北
紫苜蓿	5—6	中	15~25	陕西、甘肃、宁夏
白刺花	4—6	中	20~50	陕西、甘肃、四川、贵州、云南
枣树	5—6	微	15~30	黄河流域
窿缘桉	5—7	多	25~50	海南、广东、广西、云南
乌桕	6—7	多	25~50	长江流域
山乌桕	6	多	25~50	亚热带地区
老瓜头	6—7	少	50~60	宁夏、内蒙古荒漠地带

（续表）

名称	花期 （月份）	花粉	蜂群产蜜 （千克）	主要分布地区
草木樨	6—8	多	20~50	西北、东北
芝麻	7—8	多	10~20	江西、安徽、河南、湖北
棉花	7—9	微	15~30	华东、华中、华北、新疆
枸杞子	5—6	多	10	宁夏
党参	7—8	少	10~30	甘肃、陕西、山西、宁夏
泡桐	4—5	中	20	黄河流域，河南最多
胡枝子	7—9	中	10~20	东北、华北
向日葵	8—9	多	15~30	东北、华北
大叶桉	9—10	少	10~20	亚热带地区
野坝子	10—12	微	15~25	云南、贵州、四川
鸭脚木	11—1	中	10~15	亚热带地区
益母草	6—9	少	10	全国各地

（2）我国主要粉源植物（表2-2）。

表2-2 我国主要粉源植物

名称	花期 （月份）	花粉	蜂群产蜜 （千克）	主要分布地区
茶	10—12	多	有毒蜜源	浙江、福建、云南、河南
油茶	10—12	多	有毒蜜源	长江流域及其以南各地
荷花	6—9	多		湖南、湖北、河南
玉米	6—7	多		广泛栽培
水稻	4—9	中		广泛栽培
板栗	5—6	中		辽宁、河北、黄河流域
松树	3—6	多		华北、华中、西南、西北、东北
棕榈树	3—5	多		长江以南各地
白桦	4—5	多		东北、西北、西南
柳树	3	少		全国各地

2. 主要蜜源植物泌蜜特点及蜂群管理

（1）油菜。别名菜薹，十字花科1年或2年生草本植物，花黄色，花中有两对蜜腺，圆形，绿色。油菜是我国的主要油料作物，南北均广泛栽培。我国油菜分三种类型：白菜型（如黄油菜），芥菜型（如高油菜、苦油菜），甘蓝型（如胜利油菜）。油菜是我国南方春季和北方夏季主要蜜源植物。南部亚热带地区油菜花期是蜂群春繁的好地方，北方油菜集中地方如青海、甘肃河西走廊是油菜蜜的生产基地，见图2-2。

图2-2　油菜花

①泌蜜习性。油菜花期因类型、品种、地区不同而不同。白菜型最早，芥菜型居中，甘蓝型最晚。秦岭及长江以南地区白菜型花期为1—3月，芥菜及甘蓝型花期为3—4月。华北及西北地区，白菜型花期为4—5月，芥菜型及甘蓝型花期为5—6月，东北及西北部分地区延至7月。油菜花期一般25～30天，盛花期大约有15天。油菜开花泌蜜适宜温度为12～20℃，10℃以下或30℃以上泌蜜量小。相对湿度要求为60%～70%，肥沃湿荫土壤泌蜜丰富。油菜上午泌蜜含糖量低，中午泌蜜多且含糖量高。油菜花粉丰富，可采集大量商品花粉，也是生产蜂王浆的重要蜜

源，油菜花期时强群可取商品蜜 10～50 千克。蜂场可在南方利用黄油菜花期繁蜂，胜利油菜花期取蜜、取浆、生产花粉。生长较好的油菜 2 亩（1 亩 = 667 米²，全书同）地可以放置一群蜂。油菜蜜容易结晶，结晶后色泽雪白、细腻，具浓郁的油菜花气味。油菜蜂花粉淡黄色，无异味，深受消费者的欢迎。

②蜂群管理。油菜花期正处于蜂群增殖阶段，期间气候多阴雨低温，时有寒潮，蜂群管理要注意强群繁殖。早春合并弱群，双王繁殖，务必做到蜂多于脾。及时收听天气预报，尤其是寒潮来袭时保证蜜、粉充足。繁蜂时务必保证蜂数密集。单脾开繁一般在第 1 张脾的幼虫封盖后再加第 2 张脾，并保证有充足的花粉、饲料供应。

利用油菜花期从南向北逐渐推迟的规律，实行"南繁北采"的办法，实行转地饲养。油菜是南方第一个大蜜源，应力争强群高产。油菜花期取蜜、产浆、脱粉，繁殖与生产并重，为下一蜜源做好准备。如果夏季在北方采油菜还要积极防治蜂螨，保证蜂群健康。

（2）刺槐。又名洋槐，豆科落叶乔木，我国 20 世纪初开始从欧洲引入栽培，主要分布在我国长江以北长城以南以及辽南等地。刺槐喜湿润肥沃土壤，适应性强，耐旱（图 2-3）。

①泌蜜习性。我国各地刺槐开花泌蜜期差异很大，开花期在 4—6 月。刺槐泌蜜量大，但受气候影响较大，尤其是风对泌蜜影响很大。由于地势、气温、降水量的差异，各地区刺槐开花期不同，花期长短不一。地势低、气温高、降水量少的地方，开花早。不同地区刺槐开花泌蜜有很大差异，蜂场可转地追花夺蜜，可采 2～3 个场地刺槐。四川盆地开花最早，3 月下旬到 4 月初开花，山东济南 5 月 1 日，北京 5 月 10 日左右，沈阳 5 月 20 日始花，呼和浩特最迟，为 5 月 30 日。始花期每差纬度 1°，向北平均推迟 3 天左右。刺槐在正常年里全天泌蜜，头年降水量足，吸

图 2-3 刺槐

收营养多，花期夜露、晨雾，昼暖无风，丰收在望。干热风天气，蜜腺萎缩，上午泌蜜，下午无蜜。生长在酸性黑壤比在碱性红壤、沙质土壤里的刺槐好，泌蜜量大。蕾期受冻，花期阴雨，早期落花，无蜜，中期大风落花，影响产量。刺槐适宜的泌蜜温度为 18~25℃。

由于小气候条件的影响，在同一地区的不同地点，刺槐开花时间也有差别。如辽宁兴城市境内，山区 5 月 15 日到 18 日开花；半山区晚 3~4 天；海滨又推迟 2~3 天；菊花岛内的刺槐花期又比海滨晚 2~3 天。在兴城市境内采刺槐蜜，可连赶 3 个场地。丹东市郊的刺槐花期比宽甸县城郊早 3~5 天；宽甸县城郊比本县牛毛坞乡的刺槐早开花 4~5 天。

刺槐是初夏的主要蜜源植物，群产蜜 10~40 千克，不仅可以生产大量商品蜜，而且有利于蜂群繁殖，也是产浆的极好时期。刺槐蜜呈水白色，浓度高，气息芳香，甜而不腻，不结晶，是国内外受欢迎的蜜种。

②蜂群管理。刺槐花期短，泌蜜涌，长途转地饲养的蜂群应

组织强群集中采蜜、产浆。组织部分处女王群采蜜，提出部分子脾，减轻巢内负担，提高采蜜量，并能生产优质蜂王浆。刺槐花花粉少，追花夺蜜要注意及时补饲花粉或及时转入粉源充足场地繁蜂。

刺槐花期里工蜂泌浆量大，浆质好，抓紧育王分蜂，防治蜂螨，扩大蜂群数量，为采集刺槐以后的其他蜜源打好基础。

（3）荆条。又名荆柴、荆子、荆棵，马鞭草科落叶灌木。主要分布在华北、东北南部。荆条耐寒、耐旱、耐瘠，适应性强。分布较集中的地区有山西沁水、阳泉、临石，北京房山、门头沟、密云、延庆、昌平，河北承德、井陉、青龙，辽宁朝阳、锦州等地（图2-4）。

图2-4　荆条

①泌蜜习性。花期一般在6—7月。荆条6月中下旬开花，7月下旬结束，花期约40天，大泌蜜期只有20天。荆条喜高温，开花泌蜜常受地势、地形、环境条件和小气候的影响，可使花期提前或推迟10余天。开花顺序一般先村边、浅山，后远山、深山。就植株而言，先主枝，后侧枝。中心花蕾先开，周围花蕾后开。两年以上壮年荆条枝繁、花序多、花多、早开、泌蜜多。当

年生或再生条，抗旱能力差，泌蜜量少。山坡、沟旁、林边、土层厚、土质肥沃、水分充足地带长势好，营养足，花序长，花朵多，泌蜜量大；沙岗地，长势差，泌蜜量较少。夜雨昼晴，雷阵雨过后即晴的闷热天气荆条泌蜜量最理想。低温寡照天气，停止泌蜜；干热风天气，花冠闭合，停止泌蜜。荆条上午泌蜜多，下午泌蜜少，空气潮湿，气温较高，整天泌蜜。荆条泌蜜的适宜温度为 25~30℃。冰雹袭击后荆条花蕾受冻，完全停止泌蜜。荆条花多泌蜜量大，大泌蜜期只要有 10 天以上的好天气，就能取得满意的效益。正常年景每个强群花期取蜜 30~50 千克，丰收年可达 70 千克以上。荆条蜜呈琥珀色，芳香可口，易结晶。

②蜂群管理。荆条花期蜜粉充足，气候适宜，繁殖、取蜜、生产王浆三不误。荆条花期长，在其开花之前要抓好蜂螨防治工作，使蜂群健康地度过时间较长的采蜜期。泌蜜一开始就组织强群采蜜。由于荆条花期长，蜂群管理上应尽力做到生产、繁殖并重。荆条场地多在棉花产区，在安排场地时要尽力避开棉花区，以防农药中毒。

（4）椴树。椴树分为糠椴、紫椴（图 2-5），属椴树科落叶乔木。其中以东北长白山、完达山、小兴安岭林区最多。

图 2-5　椴树

①泌蜜习性。紫椴、糠椴为主要蜜源植物，花期为 6 月上旬至 7 月下旬，泌蜜量大，在连续高温、湿度大的天气泌蜜量多，大小年明显。

紫椴先开花，花期为 6 月下旬至 7 月中下旬，糠椴后开花，花期为 7 月中旬到 7 月下旬，椴树 7 月 10 日左右进入泌蜜盛期，个别年份受气候影响可能提前或延后五六天甚至 10 多天。阳坡先开，阴坡后开，花期交错持续 20 多天，泌蜜 15~20 天。在小年、干旱、开花后期受暴风雨摧残等不利条件下，花期缩短 5~7 天。气温 20~25℃，空气相对湿度 70%，泌蜜最多，强群在泌蜜盛期日进蜜 15 千克以上。常年单产 20~50 千克，丰年超过 50 千克。受树体营养状况和自然条件影响，开花和泌蜜有明显大小年。花前长期干旱，花蕾受-3~5℃冻害，常是开花无蜜。有的年份遭虫害而绝产。花期为雨季，常因阴雨连绵减产或歉收。椴树属于高产但不稳产的蜜源。椴树蜜呈特浅琥珀色，具浓郁的薄荷香味，口感甜润，结晶洁白，深受消费者喜爱。东北的椴树蜜是闻名国内外的重要蜜种。

②蜂群管理。辅助粉源充足的场地可以提前进场繁蜂，原始林中一般等椴树临近开花再进场，否则花粉不足对蜂群发展不利。进场后抓紧治螨，临近流蜜期调整蜂群，采蜜群尽量达到 12 框以上，避免出现 6~10 框蜂的中间群。椴树泌蜜较好的年份，可利用外勤蜂组织部分强群采蜜、产浆。纯林区放蜂泌蜜后期要及时转运，防止缺粉影响蜜蜂繁殖甚至脱子。椴树泌蜜不好的年份，藜芦对蜂群影响大，蜜蜂易出现中毒现象，要谨慎选择场地。

（5）紫云英。又称红花草，1 年或 2 年生草本植物，是原产于我国南方的野生植物，水稻产区已广泛栽培作为绿肥，是我国南方及长江流域各省春季主要蜜源植物（图 2-6）。

①泌蜜习性。紫云英开花最适宜温度在 18~22℃。随着纬度

图 2-6 紫云英

北移，开花逐步推迟。南起广西玉林至广东韶关，北上湖南长沙、湖北武汉，直到河南信阳，花期从 1 月上旬至 4 月下旬，长达 3 个多月。紫云英泌蜜最适宜的温度在 22~32℃，相对湿度 75%~80%。紫云英前期长势良好，花蕾和蜜腺发育好，则开花泌蜜良好。紫云英开花前雨水均匀，土壤墒足，相对湿度在 75%~80%，蕾期缩短，开花早。花期内气温高，雨水偏少，晚间有露水，泌蜜良好。紫云英生长地土壤含水量过多，容易造成根系腐烂，枝叶疯长而不泌蜜。紫云英花期遇有寒冷的西北风或干燥的东南风都影响泌蜜，倘遇有暴风雨还会突然断蜜。紫云英蜜质优良，呈浅琥珀色，清香，甜而不腻，为蜜中上品，是出口的主要蜜种。

②蜂群管理。紫云英是长江流域及其以南地区春季主要蜜源，根据花期情况一年可转地多次采集紫云英蜜源。同时可以生产鲜花粉、王浆、泌蜡造脾、培育新蜂王。

（6）荔枝。荔枝属无患子科常绿乔木，亚热带栽培果树，为我国主要春季蜜源。主要产区为广东、福建、广西，其次是四川、台湾（图 2-7）。

①泌蜜习性。荔枝栽培品种有 160 多个，分早熟、中熟和晚

图 2-7　荔枝

熟种，不同品种花期早晚差异大。荔枝喜温暖、阳光充足、空气流通、土层深厚而肥沃的酸性土壤，生长期间要求光照充足、高温高湿，最适温度为 23~26℃，遇霜雪易受冻害。花芽分化期要求 2~10℃ 低温、雨量少、相对湿度低的条件，超过 19℃ 则成花困难，所以适宜生长在亚热带地区。荔枝花期因地区气候条件等不同而异，广东早中熟种荔枝开花在 1—3 月，晚熟种荔枝在 3—4 月，福建早中熟种 3 月至 4 月上旬，晚熟种在 4 月至 5 月中旬，广西晚熟种在 3—4 月。花期 30 天左右，自初花期至末花期均能泌蜜，主要泌蜜期 20 天左右，品种多的地区花期长达 40~50 天，泌蜜期长达 30~40 天。温暖的年份开花早，开花期集中且缩短；气温低的年份，开花期延迟。每年开花泌蜜有大小年现象。

荔枝花朵数量多，一个花序有花数十朵至数千朵，花序上有雄花、雌花、中性花和极少数两性花。同一花序上的雌花、雄花和两性花不同时开放。荔枝在气温 10℃ 以上才开始开花，13℃ 开始泌蜜，18~25℃ 开花最盛，泌蜜最多。荔枝是晚间泌蜜，午夜 1 时左右达高峰。晴天夜间暖和，微南风天气，相对湿度 80% 以上，泌蜜量最大。遇北风或西南风不泌蜜。雄花花药开裂散出花粉主要在 7:00~10:00，蜜蜂 7:00 以后大量上树采集，直至傍晚结束。荔枝树冠大花朵数量多，花期长，泌蜜量大，花期若晴天多，每群可取蜜 30~50 千克。蜜浅琥珀色，结晶乳白色，颗粒细，味甜美，香气浓郁，为上等蜂蜜。

②蜂群管理。荔枝是一种泌蜜量大、花期长、蜜质好、高产但不稳产的蜜源，气候好坏是决定蜂蜜产量的关键因素。蜜蜂采集荔枝花，不仅能产蜜、产浆，而且为荔枝授粉，增产效果显著，中华蜜蜂和西方蜜蜂都可利用。荔枝花期要及时组织强群采蜜，生产王浆、造脾、育王。荔枝花缺粉，单纯的荔枝花场地若无其他辅助粉源应特别注意蜂群的繁殖，及时补喂花粉。

（7）龙眼。龙眼又称桂圆，无患子科常绿乔木，为亚热带栽培果树，春季主要蜜源植物。我国福建、广东、广西栽培最多，其次是台湾、四川。福建是龙眼的主产区，栽培面积和产量占全国第一位（图 2-8）。

图 2-8　龙眼

①泌蜜习性。龙眼喜土层深厚而肥沃、稍湿润的酸性土壤，喜阳光和温暖气候，年平均温度 20~22℃为适宜。遇霜雪易受冻害，但比荔枝耐寒，耐旱力较强，生长迟缓。花芽分化和形成要

求冬季有一段时间 8~14℃ 的温度，气温 18~20℃ 以上不利于花芽发育，所以冬季气温高则来年花少泌蜜差。龙眼开花期为 3 月中旬至 6 月上旬，因品种、气候条件及长势等情况不同而有差异。开花期为海南岛 3—4 月，广东、广西 4—5 月，福建 4 月下旬至 6 月上旬，四川 5 月中旬至 6 月上旬。花期长达 30~45 天，泌蜜期 15~20 天。龙眼开花要求较高的温度，13℃ 以下开花少，适宜温度为 20~27℃，泌蜜适温 24~26℃。龙眼是夜间泌蜜，晴天夜间暖和的南风天气，相对湿度 70%~80%，泌蜜量最大。花期遇北风、西北风或西南风不泌蜜。龙眼开花泌蜜也有明显大小年现象，品种不同，大小年轻重程度也不同。大年气候正常，每群蜜蜂可采蜜 15~25 千克，丰年可达 50 千克。由于龙眼花期正值南方雨季，是高产而不稳产的主要蜜源。龙眼蜜呈琥珀色，气味香甜，结晶颗粒较大，为上等蜜。

②蜂群管理。龙眼花期应调整群势，以取蜜和产浆为主，适当造脾。龙眼和荔枝一样蜜多粉少，进场前箱内必须有充足的贮存花粉，以免影响蜂群正常繁殖，造成群势下降。根据天气情况和蜜源情况适时转场。

（8）柑橘。柑橘属芸香科常绿乔木或灌木，是我国南方重要经济果树，也是春季主要蜜源之一。柑橘种类繁多，通常根据果型分为柑、橘、橙，在养蜂界通称柑橘蜜源，主要分布在我国秦岭、江淮流域及其以南地区，以四川、湖南、湖北、广东、广西、浙江、福建、江西栽培最多（图 2-9）。

①泌蜜习性。柑橘花期因种类、品种、地区而不同，一般为 4—5 月。单株花期 15 天左右，泌蜜期约为 10 天，在同一果园群体花期 20 多天。柑橘开花顺序是枝顶先开，逐渐至下部或侧枝。开花多在夜间或上午，开花适温 17℃ 左右，泌蜜适温 25℃ 左右。初开花呈杯状，泌蜜多，花瓣展开时，泌蜜减少，花瓣卷曲时泌蜜停止，一朵花泌蜜 3~5 天。柑橘有大小年之分．大年开花好，

图 2-9　柑橘

泌蜜丰富，小年则差。柑橘花期如果是大年，雨水少，则开花泌蜜丰富，强群可取蜜 10~30 千克，如遇低温连雨天，则无蜜可收。柑橘蜜呈黄色透明，甘甜清香，结晶粒较大，为上等蜂蜜。

②蜂群管理。抓好蜂群繁殖和王浆生产，加速弱群繁殖和培育蜂王。由于果农经常喷农药防治病虫害，容易损伤蜜蜂，要特别注意。花期要为下一蜜源培育适龄采集蜂。

（9）棉花。棉花系锦葵科 1 年生栽培作物，有蜜源价值的有陆地棉和海岛棉（长绒棉）两种。陆地棉主产区分布在长江流域和黄河流域之间的地区，海岛棉主要集中分布于新疆，见图2-10。

①泌蜜习性。棉花 7—9 月开花，泌蜜盛期为 7 月上中旬至 8 月下旬，长达 40~50 天。棉花有 4 种蜜腺：苞外蜜腺、萼外蜜腺、萼内蜜腺和叶脉蜜腺。前 3 种称花内蜜腺，最后一种称花外蜜腺。棉花开花泌蜜受气候、土壤、栽培技术、品种等因素的影响。棉花是喜温作物，泌蜜适温为 35~38℃，在气温高、日照长、温差大的情况下泌蜜多，如吐鲁番种植的长绒棉，常年单产蜂蜜在 100~150 千克。蜜琥珀色，易结晶，颗粒粗，质地硬，缺香味，也不宜作蜂群越冬饲料。

②蜂群管理。陆地棉场地常打农药，要注意与当地棉农联

图 2-10 棉花

系，尽量减少蜂群损失。选择棉花蜜源场地时，要了解当地辅助蜜源情况。附近若有玉米开花，芝麻开花更好，可以繁殖蜂群，避免采完棉花蜜源后蜂群大幅度下降，影响下一个蜜源场地的采集能力。

（10）向日葵。别名葵花、转日莲、向阳花，菊科栽培油料作物，主要分布于东北、西北和华北，是秋季主要大面积蜜源植物，见图 2-11。

图 2-11 向日葵

①泌蜜习性。花期为 7 月中旬至 8 月中旬，主要泌蜜期 20

多天。但因向日葵品种不同，开花时间也有差异。向日葵泌蜜时温度要求不严，18~30℃情况下均可良好泌蜜。然而向日葵从现蕾到花期结束对水的需要量很大，约占全生育期需水量的60%以上，故在花期每隔几天下场雨的情况下，对泌蜜有好处。若在花期干旱少雨，向日葵花泌蜜很少或停止泌蜜，仅能为蜂群提供一些花粉。向日葵是秋季主要蜜粉源植物，每群蜂正常年景可取蜜20~30千克，高的可达50千克左右。蜜呈黄色，气味芳香，易结晶。

②蜂群管理。采向日葵花蜜必须有大量适龄采集蜂才能获得丰收，适龄采集蜂主要在椴树花期完成，入场后调整群势，有利于王浆生产和采蜜。向日葵花蜜粉充足，但蜜腺深，采集蜂劳动强度大，后期群势下降快，易发生盗蜂，故流蜜后期应紧缩巢门，及时转场。

(11) 荞麦。别名三角麦、花麦、莜麦，蓼科1年生栽培作物。荞麦在我国栽培历史悠久，主要分布在我国华北、西北、西南及内蒙古，其次为华东、东北，多种植在贫瘠土壤。见图2-12。

图2-12 荞麦

①泌蜜习性。荞麦花为无限花序，由茎下部逐渐开至顶端。开花后7~10天进入泌蜜盛期。荞麦属两型花，蜜腺着生在雄蕊

之间，有7～13个蜜孔，有单个蜜腺，也有复合蜜腺，花蜜裸露，泌蜜很涌，不论西方蜜蜂或中华蜜蜂都可以采到大量蜂蜜。在正常的自然环境下，泌蜜20天以上，气温下降至13～14℃，则停止泌蜜。荞麦生长在沙质土壤或碱性较轻的土壤，生长良好，泌蜜量多。荞麦为我国秋季主要蜜源，花期长，泌蜜量大，花粉充足，有利于繁殖越冬蜂。荞麦花期除留足越冬饲料蜜外，每群还能取到20～50千克商品蜜。荞麦蜜呈深琥珀色，有强烈气味，容易结晶，晶体粗大，销售受影响。

②蜂群管理。进场前应培育足够采集蜂，以强群夺高产。同时注意繁殖适龄越冬蜂，防止群势下降，为蜂群安全越冬和来年春繁打好基础。荞麦花期最易发生盗蜂，不论取蜜或检查蜂群，动作宜迅速，预防蜂群起盗。应留足足够的饲料蜜，狠抓治螨。

（12）老瓜头。又称牛心朴子，萝摩科多年生直立半灌木，为西北地区荒漠和荒漠草原地带天然生长野生植物，是夏季重要蜜源植物。主要分布于库布齐、毛乌素两大沙漠边缘，集中分布于宁夏盐池、宁武，陕西榆林地区古长城以北及内蒙古鄂尔多斯市。见图2-13。

图2-13　老瓜头

①泌蜜习性。老瓜头一般 5 月中旬始花，7 月下旬终花，6 月份为泌蜜高峰期。老瓜头对温度要求高，泌蜜适温为 25~35℃。开花期如遇多阴雨天造成气温低，泌蜜减少，下一次透雨，2~3 天不泌蜜。花期间隔 7~10 天下一次雨为丰收年。如果持续干旱，开花前期泌蜜多，花期结束早。老瓜头生育期下几场透雨，长势旺盛，为大流蜜创造良好条件。老瓜头花蜜浓度高，蜂蜜浓度在 40~42°Be 色之间。老瓜头蜂蜜浅琥珀色，质量较好。

②老瓜头蜂群管理。要取得高产，必须强群生产。老瓜头场地常缺乏充足花粉，要及时补充饲喂花粉或代用花粉，以免造成采完老瓜头蜜源，蜂群大量下降，影响下一个蜜源场地的蜂蜜产量。场地要注意供水。发现蜜源减少、工作蜂显著下降、蜜蜂中毒等情况要及时转场。

（13）密花香薷。又称萼果香薷，唇形科多年生草本植物，是香薷属蜜源中较重要的一种，香薷属还包括野拨子、香薷（山苏子）、野草香等蜜源植物。具有养蜂生产价值的密花香薷分布区主要有宁夏回族自治区（以下简称宁夏）南部山区、青海东部、甘肃的河西走廊以及新疆的天山北坡，分布面积大而集中，已成为当地秋季主要蜜源。见图 2-14。

①泌蜜习性。花期为 7 月上中旬至 9 月上中旬。平地田野比山上先开花，边开花边结籽。泌蜜盛期在 7 月中旬至 8 月中旬。泌蜜适温为 20~22℃，相对湿度为 60%~70%。上午 10 时至下午 3 时泌蜜最多，蜜蜂采集最为活跃。每群蜂花期可采商品蜜 20~30 千克，丰年可达 50 千克以上。花前雨水充足，土壤保持湿润，多晴天，则泌蜜量大，花前雨水多、阴雨低温则泌蜜少或不泌蜜。干旱年份适宜在阴湿地放蜂，雨水多的年份最好到较干旱的山坡地放蜂。蜜呈浅琥珀色，结晶乳白色，颗粒较细，味芳香。

②蜂群管理。选择避风向阳场地，注意蜂群保温，开花前中

图 2-14　密花香薷

期以采蜜、产浆、采花粉为主，中后期以繁殖越冬蜂为主，防治蜂螨，防止盗蜂。

（14）白刺花。又称狼牙刺、苦刺，豆科丛生小灌木，是夏季主要蜜源。白刺花分布于西北、华北、西南。其中在秦岭山区有大量分布，成为全国主要蜜源场地。见图 2-15。

①泌蜜习性。白刺花 5 月中旬至 6 月上旬开花，大泌蜜期 20 天左右。白刺花是耐旱树种，常丛生于灌木丛中，春季干旱或孕蕾期受霜冻，常会造成当年不泌蜜或泌蜜很少。在湿热天气时泌蜜较涌，泌蜜适温在 24℃ 以上，大泌蜜期整天可泌蜜，10:00~14:00 泌蜜量最大。泌蜜期遇大风时，停止泌蜜，但天气转晴后，又能恢复泌蜜。夜间下雨，白天转晴时，泌蜜量最大，常年每群产蜜 30 千克左右。白刺花蜜呈浅琥珀色，结晶细腻，味芳香，为一等蜜。

②蜂群管理。前期花粉丰富，繁殖和生产王浆都很好。后期

图 2-15　白刺花

由于有毒蜜源植物花粉的作用引起蜜蜂中毒，造成蜂群下降。因此白刺蜜源后期应及时转场，以免引起蜜蜂中毒。

（15）胡枝子。别名苕条、杏条，豆科落叶小灌木。胡枝子喜生于半山区阔叶林内或林边缘，荒地荒坡，撂荒地，山崴等地，常与榛柴等灌丛掺杂丛生，东北、西北、华北等地均有分布。见图 2-16。

①泌蜜习性。胡枝子在东北与西北地区约 7 月下旬开花，至 9 月上旬结束，花期 40 天左右，其中 8 月 5—20 日为泌蜜盛期。胡枝子泌蜜属于高温型，泌蜜适温 25~30℃，在天气晴朗、温度较高、湿度较大的条件下泌蜜多，反之泌蜜少。胡枝子为阳性树种，生长在向阳坡、向阳崴子、火烧迹地、日照充足、土质肥沃的地方泌蜜涌。当年萌发的枝条泌蜜少，2~3 年生的泌蜜多。有的年份因虫害、花期连雨低温而减产。在胡枝子花期，一般年份群产蜜 15~25 千克，丰收年 50 千克以上。胡枝子蜜源不稳产，有的年份蜂群采不够越冬饲料还要补饲。胡枝子蜜呈琥珀色，花粉黄红色，花粉质量好，是春秋季繁殖蜂群的优良花粉之一，一般年份强群可采花粉 4~5 千克。

图 2-16 胡枝子

②蜂群管理。最好选择周围有荒山、水旱甸子及耕地，其他辅助蜜源植物丰富的放蜂场地。胡枝子为秋季主要蜜源，对秋蜜生产、生产王浆有重要价值。除了搞好蜂产品生产，还应及时更换老劣蜂王，繁殖越冬蜂，贮备越冬饲料。

（16）党参。别名台参、仙草根，桔梗科多年生缠绕草本植物，为著名的药用蜜源植物。栽培面积大并形成重要蜜源场地的有甘肃、陕西、山西和宁夏。见图 2-17。

①泌蜜习性。党参花期从 7 月下旬至 9 月中旬，长达 50 天。党参以 3 年生泌蜜最好，但泌蜜不稳定。党参为总状花序，党参花零散于缠绕的枝条当中，中蜂个体小而灵活，故更适于采集党参蜜源。影响泌蜜的主要因素有春季雨水和花蕾期的气温，最忌春旱及霜冻。在气温 20℃以上、相对湿度大于 70% 以上时即可泌蜜，多集中于上午 10 时至下午 3 时。由于党参花期长，泌蜜涌，常年每群蜂可取蜜 30~40 千克，丰年可达 50 千克。党参蜜呈琥珀色，浓稠，久不结晶，为调配王浆蜜的理想原料。党参蜜

图 2-17　党参

果糖含量高，甜度大，微量元素含量高，并具有党参药用功能，为理想的商品蜜蜂，深受消费者欢迎。

②蜂群管理。党参花期长、泌蜜涌、花粉较多，党参花期可同时取蜜、脱粉、取浆。宜将蜂群组成主副群形式，主群采蜜，副群繁殖，并不断将副群子脾带幼蜂补入主群，以保持主群优势。党参花期长，蜜质纯，可连续生产巢蜜。

（17）枸杞子。别名茨、红果，茄科栽培落叶灌木。枸杞子亦是泌蜜较好的夏季蜜植物。主要分布于我国西北各省区，以甘肃、陕西、山西、宁夏种植较多，近年河北省枸杞子栽培面积也在不断扩大。中宁枸杞子为驰名中外的中药材，已有 200 多年的栽培历史。见图 2-18。

①泌蜜习性。枸杞子 5 月中旬始花，边开花边结果边采收，8 月下旬终花，花期长达 3 个多月。枸杞子刚开花花粉多，粉黄色。6 月中旬，日平均气温达到 19℃以上，进入大泌蜜期，持续 1 个月左右。7 月中旬后，枸杞子结果数量增多，营养消耗较多，泌蜜逐渐减少。通风透光好、轻度盐碱土、土质疏松肥沃、管理

图 2-18 枸杞子

精细的枸杞园泌蜜较多。一般年份每群蜂可取枸杞蜜 5~10 千克，蜜白色、清香、浓郁，因含枸杞子成分，很受消费者欢迎。

②蜂群管理。由于枸杞子枝叶娇嫩，遇持续干旱炎热年份，病虫害较多，要慎重喷施农药，以免影响蜜蜂采集。花期雨水均匀，花期前喷药控制病虫害蔓延，可以放蜂采蜜。场地周围其他蜜源植物丰富，一般很少发生蜜蜂大量中毒死亡现象。枸杞园喷药当天最好关闭巢门。

(18) 枣树。别名红枣、大枣，鼠李科的栽培果树，落叶乔木。除东北、西北以及西藏高原等严寒地区外，其他省区都有栽培，以河南、山东、河北等省栽培较多，其次是山西、陕西、甘肃、江苏、浙江、宁夏、新疆、北京、天津也有栽培。见图 2-19。

①泌蜜习性。枣树是适应性较强的树种，耐寒耐热，耐旱耐涝。枣树 5 月下旬或 6 月上旬开花，花期 25~30 天。通常在气温 20~22℃时开花。开花顺序由基部往上依次开放。通常在中午前后枣花花蕾开始破裂，在下午 2 时左右全部开放。枣花的花盘上有明显蜜腺，一经开放就开始泌蜜，但当天蜜汁不多。第 2 天日

图2-19 枣花

出后蜜汁迅速增多，堆积在花盘上呈珠状，有的几乎往下滴，花盘逐渐变成淡黄色。第3天后蜜汁消逝或干枯结晶在花盘上，泌蜜盛期20天左右。花期如遇风天，只要温度适宜仍能正常泌蜜。初开的花尚未泌蜜或刚开始泌蜜的花朵，雨后天晴仍能正常泌蜜，但泌蜜时间缩短。群产蜜一般10～30千克，枣花蜜质地浓厚，呈深琥珀色，质地黏稠，不易结晶，有特殊的浓郁气味（枣花香味），甜度大，略感辣喉，回味重。

②蜂群管理。枣树是主要蜜源，泌蜜丰富，然而花粉少，因此不利于蜂群繁殖和生产王浆。枣花期为达到生产蜂产品和繁殖蜂群两不误，必须选择附近有其他粉源植物的场地或人工补饲花粉。枣花蜜中含有生物碱，蜜蜂采集后能引起不同程度的中毒，蜜蜂在地上爬行，发生"枣花病"，特别在天气干燥、花蜜浓稠的条件下更为严重。而在地下水位高、空气湿度大的条件下，伤蜂较轻。枣花期应十分注意蜂群的防暑降温措施，蜂群摆放在自然遮阴的地方，蜂箱周围洒水或将冷水浸泡的草帘盖在纱盖上。如果天气特别旱，最好在蜂箱内添加水脾。

（19）芝麻。又称脂麻，胡麻科栽培油料作物，主要蜜源植物。全国几乎各省区都有种植，主要栽培区在黄河及长江中下游，河南最多，湖北次之，其余为安徽、江西、河北、山东、四川、江苏等省（图2-20）。

图2-20　芝麻

①泌蜜习性。芝麻开花早的为6—7月，晚的则于7—8月开花，花期长达30余天。芝麻开花顺序是主茎先开，分枝后开，从上而下逐渐开放。每个叶腋3个花朵中间一朵先开，每天以6:00~8:00开花最盛，约占全天开花总数的90%，10时后逐渐减少。上午泌蜜最多。在25~28℃泌蜜最为丰富，超过30℃泌蜜减少。土质疏松、排水优良、有机质含量丰富的沙质土壤泌蜜多。排水不良或容易板结的土壤泌蜜均较少或不泌蜜。芝麻生长季大部分地区气候炎热，高温少雨，如能间隔下几场小雨，则能提高花蜜分泌。芝麻生育期较短，需肥量大，特别在磷、钾肥充足的条件下，花朵多，泌蜜丰富。芝麻集中种植地常年每群可产蜜5~15千克。芝麻和棉花同时开花，可弥补棉花期蜂群的花粉不足，有利于蜂群正常繁殖。

②蜂群管理。芝麻花期，气候炎热，大雨季节。应注意蜂群遮阴，蜂箱盖上加盖油毡或塑料防雨。保持蜂脾相称，预防"卷翅病"。芝麻花期由于天气炎热，脾多于蜂的蜂群调节巢内的温

湿度能力差，蜂多脾少的蜂群易发生通风不良，巢内闷热，容易出现蜂不"护子"的现象，这样会使一些工蜂发育受影响，在出房试飞时不能正常飞行，在巢门口乱爬，其翅膀比健康蜂的薄。因此管理上要随时调整巢脾，注意通风。

（20）柴荆芥。别名臭荆芥、野荆芥，唇形科半灌木（图2-21）。主要分布于华北、西北、华东各地山区。多生长在海拔700~1 600米处的山坡、河滩、溪边等地。柴荆芥在河北省承德地区生长集中。

图2-21　柴荆芥

①泌蜜习性。柴荆芥在河北北部8月初开花，山西省东南部8月下旬开花。柴荆芥从始花到盛花期需15~20天，初花期无蜜，进入盛花期才泌蜜，也就是花序中部的花朵泌蜜。干旱对柴荆芥泌蜜有一定影响。柴荆芥多生长在山坡上，山坡一般土层薄，雨水流失快，土层蓄水少，很容易干旱缺水，导致摄取营养不足，减少或停止泌蜜。柴荆芥比较耐寒，甚至轻霜后，还能分泌花蜜。温差大小与柴荆芥泌蜜多少有直接关系，温差在15℃左右时柴荆芥泌蜜丰富，温差在10℃时泌蜜一般，温差不足8℃

时一般不分泌花蜜。在丰收年，每群蜂可产商品蜜50千克，一般年份10~20千克，歉收年收不到商品蜜。在花的前中期，可生产王浆。柴荆芥蜜呈白色，有香味。

②蜂群管理。柴荆芥是华北、西北地区年度后期蜜粉源植物。由于花粉充足，对繁殖越冬蜂、保持强群越冬大为有利。取柴荆芥蜜不要"一扫光"，要隔脾取蜜，以防突降酷霜，停止泌蜜后反而要再喂越冬饲料。柴荆芥蜜源结束后，迅速将蜂群转移南下繁殖。柴荆芥花期结束，蜂群内子脾一般已全部出房，是治螨有利时机。

（21）直齿荆芥。别名蜜蜂花、山薄荷，唇形科多年生草本植物。分布于新疆伊犁、阿尔泰地区，生于林下草地、谷地水边或山间盆地，海拔1 600~1 850米处。见图2-22。

图2-22　直齿荆芥

①泌蜜习性。直齿荆芥一般7—9月开花泌蜜，新疆伊犁山区7月中旬至8月中旬进入大泌蜜期。泌蜜多少主要与当地雨水和植株生长情况有关，如果花前多雨，植株生长良好，泌蜜多，反之则少，花期阴雨影响泌蜜。直齿荆芥是新疆主要蜜源之一，

尤其伊犁山区面积大,分布广,群产蜜可达 30~50 千克。蜂蜜呈浅琥珀色,质地浓厚,气味芳香。

②蜂群管理。直齿荆芥花期气温高,群势强,泌蜜多而猛,蜂群管理的中心是解决产卵和贮蜜的矛盾,防止分蜂热,延续群势,争取蜂蜜、王浆、花粉三丰收。

(22)乌桕。大戟科落叶乔木,夏季主要蜜源植物。主要分布于长江流域及其以南地区,如浙江、江西、福建、湖南、广东、广西、四川、贵州等省区分布较多。见图 2-23。

图 2-23 乌桕

①泌蜜习性。乌桕喜欢温暖、湿润气候及肥沃、深厚的土壤,适生于年平均温度 16~19℃、年降雨量 1 000~1 500 毫米的地区。乌桕开花特性因品种和地域而不同。福建 6—7 月开花,江西 5 月下旬至 6 月下旬,湖南 6—7 月,广东、广西 5—6 月,四川 5—7 月,贵州 5—6 月。乌桕花序稠密,花朵数多。雄花粉多于蜜,雌花蜜多,雌雄花交错开放,蜜粉都很丰富。乌桕泌蜜适温为 25~32℃,以 30℃、相对湿度 70%以上泌蜜最好,高于35℃泌蜜量减少。阴天气温低于 20℃时停止泌蜜。上午 9 时至下午 6 时泌蜜,下午 1 时至 3 时泌蜜量最大。乌桕花期夜雨日晴、温高湿润则泌蜜量大。阵雨后转晴,温度高,泌蜜仍好。常年每群蜂单产蜂蜜 20~40 千克。乌桕花期正值江南梅雨季节,湿度

大，蜜含水量高。乌桕蜂蜜呈琥珀色，结晶暗乳白色，颗粒较粗，味甜而微酸，大多作饲料蜜或调制中药丸剂用。

与乌桕同属的山乌桕也是南方丘陵山区的重要野生蜜源，夏季开花，泌蜜丰富，花期每群可取蜜 30 千克左右。

②蜂群管理。乌桕蜜粉丰富，对南方蜂群越夏、取蜜、产浆均具有重要意义。将蜂箱置于树荫下，蜂箱盖上覆盖草帘，做好防暑措施。注意通风，防止蟾蜍危害，捕打胡蜂，抓紧取蜜、生产王浆。留足足够的饲料蜜，造脾，培育蜂王，扩大蜂群和分蜂，为下个花期培育适龄蜂。

（23）鹅掌柴。又称八叶五加、鸭脚木，五加科常绿乔木或灌木，是华南地区冬季优良蜜源植物。鹅掌柴主要分布于福建、台湾、广东、广西、云南南部、贵州、江西、浙江、湖北、湖南、四川等省区的热带、亚热带山区。鹅掌柴喜阳光和温暖湿润的气候及土层深厚的酸性土壤，常生于海拔 2 100 米以下的次生常绿阔叶林中、林缘、山坡、山脚等处。见图 2-24。

图 2-24　鹅掌柴

①泌蜜习性。鹅掌柴花淡黄白色，开花期 10 月至翌年 1 月。个体开花通常分 3 期，第 1 期花泌蜜少，花粉多。第 2 期开花泌

蜜多，花粉丰富，最有生产价值。第3期开花泌蜜量少，花粉也少。鹅掌柴在有阳光的晴朗天气、气温11℃以上开始泌蜜，泌蜜适温为18~22℃，中午气温高，相对湿度60%~80%泌蜜量最多，上午11时至下午3时泌蜜最涌。气温25℃以上、相对湿度低于40%时，泌蜜量少且稠，蜜蜂不易采集。同一地区由于海拔高低、阳坡阴坡、树冠不同部位等因素，花期长达60~70天。鹅掌柴花朵数量多，泌蜜期长，泌蜜量大，花粉充足，对采蜜和繁殖蜂群均有利。因为是山区蜜源，主要是中华蜜蜂采集，常年一群中华蜜蜂可采蜜10~20千克，丰年高达25千克以上。蜜呈浅琥珀色，易结晶，颗粒细，味微苦，浓度越高苦味越重，贮放日久则苦味减轻，浓度高者可存放多年不变质，内销、出口都受欢迎。

②蜂群管理。鹅掌柴花期，中华蜜蜂提前进山繁殖，培育适龄采集蜂。选择背风向阳场地，加强保温，注意繁殖，后期留足饲料。冬季气温低，常遇寒潮，西方蜜蜂适应性差，利用较少，若进山采集应注意适时转场，以防群势下降。

（24）枧。又称野桂花、山桂，山茶科常绿灌木或小乔木，华南冬季主要蜜源植物。长江流域及其以南省份都有分布，主要分布在福建、江西、湖南、广东、广西、贵州和四川等省区。见图2-25。

①泌蜜习性。每种枧的花期一般都比较短，只有10天左右，在同一个地区由于生长的小环境不同，其开花期也不一样。由于同一个地区生长着多种的枧，这样花期交错，整个花期就显得特别长，因而常有枧花期从10月下旬直到翌年3月。枧为低温泌蜜型植物。枧开花泌蜜对外界变化反应不太敏感，在天气晴朗、气温高时，能大量泌蜜；在阴天甚至下小雨时，只要气温15℃以上时，也能分泌较多的花蜜。由于枧的花冠方向不朝上，雨水不易把花蜜冲刷掉，因此中华蜜蜂在下小雨时仍能积极采集枧

图 2-25 柃

花。柃在大泌蜜期，花朵整天都能泌蜜，花期晴天多，风小，丰收不成问题。柃的种类很多，我国常见有格药柃、短柱柃、细枝柃、翅柃、黑柃、米碎花、微毛柃、细齿叶柃、大果毛柃、窄基红褐柃等 10 余钟。柃泌蜜量大，花粉充足，没有明显大小年，不论冬季和早春都是繁殖蜂群的好蜜源。一般年份取蜜 10~20 千克，高的达 40 千克以上。柃属蜜浓度高，白色透明，不易结晶，具有野桂花清香味，为非常优良的上等蜜，堪称中国"蜂蜜之冠"，不论内销或出口都受欢迎。

②蜂群管理。选择地形复杂、柃种类和数量多样、局部小气候环境好的场地，蜂群摆放在背风向阳处，加强保温，以取蜜为主，兼顾繁殖，后期留足饲料。冬季气温低，西方蜜蜂难以利用柃属植物，若进山采集应注意及早退出场地，以防群势下降。

（25）枇杷。别名卢桔，蔷薇科常绿小乔木，栽培果树。主要分布在长江以南各省区，浙江、福建、江苏、安徽和湖北等地面积最大且集中，台湾、广东、湖南、江西、重庆、四川、陕西、广西、云南和贵州均有栽培。枇杷喜阳光充足，气候温暖湿润，排水良好，土层深厚且富含腐殖质的中性或微酸性土壤。见图 2-26。

图 2-26　枇杷

①泌蜜习性。枇杷花序大小差异大，小的 30~40 朵花，大的 200~300 朵花。开花顺序因花序状态不同而异。安徽、江苏、浙江头花在 10—11 月，二花 11—12 月，三花 1—2 月，福建 11 月到次年 1 月。主要花期为 30~35 天。气温 11℃ 以上开花，13~15℃ 开花最多，10℃ 以下花期延长，15~16℃ 开始泌蜜，泌蜜适温 18~22℃。相对湿度 60%~70%。白天南风天气泌蜜最多，蜜蜂采集活动主要在中午前后。刮北风或西北风，寒潮低温不泌蜜。枇杷开花泌蜜有大小年现象，但土壤肥沃、土层深厚、合理修剪、疏果、施肥和灌溉等农业技术管理措施好的果园，则大小年不明显。品种不同，大小年轻重程度也不同。枇杷是重要的冬季蜜源植物，常年每群蜜蜂可采蜜 5~10 千克。蜜呈浅琥珀色，味芳香，结晶颗粒较粗，为上等蜂蜜。

②蜂群管理。枇杷花期正值冬季低温时期，选择场地要向阳背风。调整蜂群，彻底治螨，合并弱群，培育新蜂王，更换老劣蜂王，培育越冬蜂，贮存粉脾和蜜脾。适时断子，紧缩巢门，蜂箱纱盖覆盖草帘，做好防冻保暖工作，防止盗蜂。

三、我国主要放蜂路线

放蜂路线就是全年蜂群繁殖、生产所经过的各放蜂场地的路线。我国蜂群转地饲养蜂群长途放蜂路线较多，其中蜜蜂流量最多的长途放蜂路线干线主要有东线、中线、西线三条。

1. 东线

在元旦前后，北方的蜂群到福建、广东等地繁殖，2月底至3月初北上江西、安徽采油菜蜜、紫云英蜜。3月下旬至4月上旬，大多数蜂场再到浙北、苏南、苏东和皖北等地采油菜蜜、紫云英蜜。4月底在苏北、鲁南等地采刺槐蜜，有的到河北采刺槐蜜，也有于5月中至6月初出山海关到辽宁等地采刺槐蜜或山花蜜进行繁殖。然后到黑龙江、吉林等地，投入7月份的椴树花期生产。也有部分蜂场在北京、辽宁采荆条蜜，在黑龙江采油菜蜜或山花蜜；还有个别蜂场留在山东、河北采完6月份的枣花蜜后再采当地的荆条蜜，或直接去上述地点，先利用山花繁殖，恢复和发展群势，再采椴树蜜或山花蜜。8月底至9月初上述蜜源结束，多数蜂场随即南返采蜜、繁殖。也有少数蜂场留在北方越冬，直到12月再南下繁殖。

2. 中线

蜂群在12月或翌年1月初，到广东、广西利用油菜繁殖，3月上中旬沿京广线附近北上，到湖南、湖北采油菜蜜、紫云英蜜。结束后，个别蜂场再去采刺槐蜜，6月到河南新郑一带采枣花蜜。6月底至7月初去北京、辽宁、山西中部等地采荆条蜜，或去山西北部采草木樨蜜，也有去内蒙古、山西大同采油菜蜜、百里香蜜，紧接采当地或附近的荞麦蜜。8月底荞麦蜜结束后。可采取东线的方式就地越半冬或南运休整。

3. 西线

蜂群于12月到云南、广西、广东等地，利用油菜繁殖复壮，于翌年 2 月下旬至 3 月上旬到重庆、成都一带采油菜蜜。4 月至汉中盆地或甘肃境内采油菜蜜。5 月后采狼牙刺蜜、刺槐蜜、苜蓿草蜜、山花蜜。7 月进入青海省采油菜蜜，或进新疆吐鲁番采棉花蜜。8 月到甘肃张掖、山丹，宁夏盐池，陕北定边，内蒙古包头等地采荞麦蜜或就近在甘肃张掖等祁连山脚采香薷蜜。结束后，个别蜂场南运四川、云南采野坝子等蜜源，大部分蜂场和东线一样南运休整。还有部分蜂场 1~2 月直接到四川繁殖，就地采油菜蜜、苕子蜜、紫云英蜜。4 月起加入西线流动路线。

除上述 3 条基本的路线外，东西穿插、互相交错的放蜂路线也不少。

第二节 养蜂机具

一、蜂箱

蜂箱是供蜜蜂繁衍生息和生产蜂产品的基本用具。蜂箱是蜂具的三大发明之一，与其后发明的巢础机和分蜜机配合应用，结束了数千年的毁巢取蜜的生产方式，奠定了新法养蜂的基础，使养蜂生产出现了巨大的飞跃（图 2-27）。

制造蜂箱应选用坚实、质轻、不易变形的木材，而且要充分干燥。北方以红松、白松为宜，南方以杉木为宜。十框蜂箱是目前国内外养蜂业使用最为普遍的蜂箱。由箱盖、副盖、巢箱、继箱、箱底、巢门、巢框、隔板和闸板等组成（图 2-28）。

蜂路指巢脾与巢脾、箱壁与巢脾之间的距离。蜂路过大易造赘脾，过小则易压伤蜜蜂或影响通行。一般认为，意大利蜂单行蜂路宽度为 6~8 毫米，双行道蜂路宽度为 10 毫米。

前后蜂路：前后箱壁至巢框两侧条间的蜂路均为 8 毫米，巢框前后各有 2 毫米灵活余地，这样保持在 6~10 毫米。

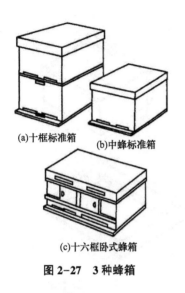

(a)十框标准箱

(b)中蜂标准箱

(c)十六框卧式蜂箱

图 2-27 3 种蜂箱

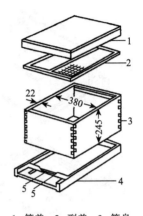

1. 箱盖；2. 副盖；3. 箱身；

4. 箱底；5. 巢门

图 2-28 十框标准箱的结构

框间蜂路：巢框两上梁间蜂路也是 8~10 毫米。

上蜂路：副盖距上梁面的蜂路为 6 毫米。

下蜂路：巢框下梁与蜂箱底板之间的蜂路，其距离应为 16~19 毫米。

1. 朗氏十框蜂箱

目前使用的朗氏十框蜂箱，其巢脾中心距为 35 毫米，框间蜂路、上蜂路和前后蜂路均为 8 毫米，继箱下蜂路为 6 毫米，巢箱下蜂路为 25 毫米左右。固定底朗氏十框蜂箱各个部件的形状、结构和大小如图 2-29 所示。

2. 中蜂十框蜂箱

中蜂十框蜂箱由底箱、继箱、巢框、箱盖、纱副盖、木副盖、隔板、闸板和巢门板等部件构成（图 2-30）。中华蜜蜂十框蜂箱的巢脾中心距为 32 毫米，框间蜂路为 8 毫米，前后蜂路为 10 毫米，上蜂路为 8 毫米，巢箱下蜂路为 20 毫米。

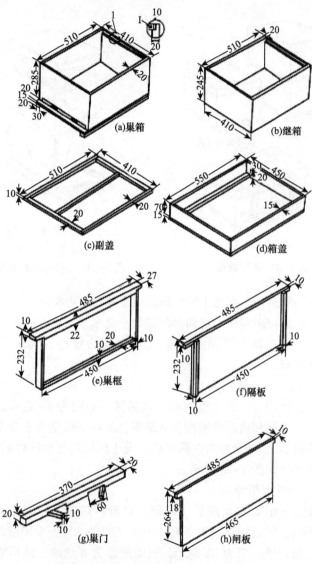

图2-29　朗氏十框蜂箱（单位：毫米）

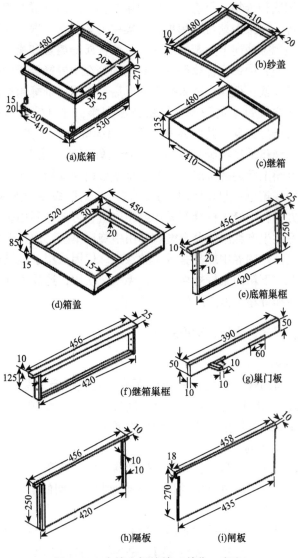

图2-30 中蜂十框蜂箱（单位：毫米）

采用这种蜂箱，早春可双群同箱饲养，加速蜂群繁殖和维持强大群势，至采蜜期可采用单王，集中力量采蜜。取蜜采用浅继箱，可利用蜜蜂向上贮蜜的习性，生产优质分离蜜和巢蜜。在蜂群繁殖方面，中蜂十框蜂箱双群同箱饲养在早春蜂群繁殖速度比用朗氏蜂箱快，但到春季繁殖中期以后，中蜂十框蜂箱蜂群的繁殖受箱体空间过小的限制，繁殖速度变慢，并且较早出现分蜂热，无法维持大群，其群势发展不如朗氏蜂箱快；在产蜜方面，中蜂十框蜂箱采用浅继箱采蜜，生产的蜂蜜质量比朗氏蜂箱好。但仅取继箱上面的蜂蜜时，其产蜜量不如朗氏蜂箱。而当中蜂十框蜂箱的底箱也一起取蜜时，其产蜜量与朗氏蜂箱的无大差异。在使用方面，中蜂十框蜂箱采用继箱取蜜，可充分利用蜜蜂向上贮留的习性生产纯净的分离蜜和利用中蜂产巢蜜，而且对实现现代化、机械化饲养中蜂具有重大的意义。但因采用了浅继箱的设计，其上、下箱内巢框规格不一，无法交换用，造成了蜂群管理上的不便和继箱巢框造脾的困难。

二、饲养、生产、管理用具

1. 巢础

用蜂蜡制作，经巢础机压印而成，是蜜蜂筑造巢脾的基础（图2-31）。供十框蜂箱使用的巢础规格为高200毫米，长425毫米，我国蜂具厂生产的以此种规格最多。

2. 养蜂用具

包括面网、起刮刀、蜂扫、喷烟器、隔王板等。

①面网。采用黑色棉纱网、尼龙网制成。网的下端能收紧，防止蜜蜂钻入。

②起刮刀。用于撬动副盖、继箱、钉子、隔王板和巢脾等。还可刮除蜂胶、蜂蜡、清扫蜂箱，是蜂场必备的工具。

③蜂扫。主要用来扫除巢脾上附着的蜜蜂的长毛刷。

图2-31 巢础机

④隔王板。隔王板是控制蜂王产卵和活动范围的栅板，工蜂可自由通过。平面隔王板是把育虫巢和贮蜜继箱分隔开，便于取蜜和提高蜂蜜质量。框式隔王板可把蜂王控制在几个脾上产卵。

⑤喷烟器。往蜂群中喷烟避免蜜蜂骚动，检查蜂群时会顺利迅速。采收蜂蜜时，喷烟可镇服蜜蜂，减少被螫。

⑥饲喂器。饲喂器是用无毒塑料制成的一种可装贮液体饲料（糖浆或蜂蜜）及水供饲喂蜂群时用的工具（图2-32）。

⑦蜂王诱入器。用于诱入蜂王。用诱入器将蜂王扣在巢脾有蜜的地方，1天后检查，如果无工蜂围咬诱入器，并且开始饲喂蜂王，便可打开诱入器放出蜂王。这种方法安全可靠，尤其适合缺蜜季节诱入蜂王（图2-33）。

⑧割蜜盖刀。割蜜盖刀是取蜜时用以切除蜜脾两面封盖蜡的手持刀具。简称割蜜刀。

⑨摇蜜机。目前，我国常用的摇蜜机是两框换面式分蜜机，适合小型的转地蜂场。借助离心力作用，分离出蜂蜜。

⑩产浆框。长、高尺寸与巢框相同，框架内置王台条3~5条，每条王台条上可有20~34个塑料王台。目前有单条、双条两种型号。

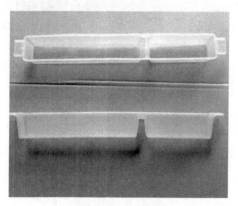

图 2-32　饲喂器

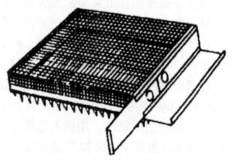

图 2-33　蜂王诱入器

⑪移虫针。移虫针是移虫育王和蜂王浆生产中用来移取幼虫的工具。

⑫脱粉器。把大部分的花粉团从蜜蜂后腿上的花粉筐中取下来，脱落在集粉盒中。

⑬蜂箱连接器。用于连接巢箱与继箱，有弹簧连接器、扣式连接器及跳绳连接器（图 2-34）。

⑭蜂箱捆绑带。用于转运蜂群时捆绑蜂箱，迅速便捷。

图 2-34 蜂箱连接器

三、养蜂车

养蜂车是一种具有可供流动放蜂时饲养蜜蜂的养蜂车厢、生活办公用房及生产蜂产品的养蜂机具的专用汽车。车厢两侧为多层框架。两侧蜂箱之间的空间为工作场所，在车厢上完成蜂产品采集工作。车厢前部设置独立的生活空间，用户可以在这里安装卫星电视、太阳能发电装置、冰箱等现代化设施，缓解枯燥的野外生活，提高生活质量。在车厢下部还设置了贮存箱，方便收纳各种生产、生活用具，非常适合养蜂专业户在野外使用。

五征集团养蜂专用车（也称养蜂移动平台）现已研制成功并获国家工信部批准，近期已小批量生产上市，该养蜂专用车分4种车型。

养蜂专用车两侧为四层框架用于摆放蜂箱，可固定饲养80~110群蜜蜂。运输时还可在车中间载装80~100个蜂群，可由车载起吊装置轻便装卸。两侧蜂箱之间的空间为工作场所，利用操作平台可进行蜜蜂检查及生产。车下备有蜜桶及杂货箱，可载生活用品及工机具等。车上配有遮阳伞，可遮阴防晒。配有专用水箱及水管、喷头，可便于蜂群喷水、人员洗澡等。

房车型养蜂专用车上装备有 4.8 平方米的小房，房内配置双层折叠床，可睡 3 人；还配有多功能折叠工作台，可用于生活和移虫、取浆等生产活动。

养蜂专用车上除汽车电源外，还可配小型汽油发电机组、太阳能发电机组，能随时供电并贮存。车上配备储电瓶，可供生活中电视、电扇、冰柜等生活电器用电，也能使用电动甩浆机、电动摇蜜机、花粉干燥箱等专用生产机械。

车型与价格：现设计生产大、小两种车型，4 种产品。

①大 A 型：带房车，可载蜂 160 群，其中固定饲养 80 群，装卸 80 群。

②大 B 型：不带房，可载蜂 220 群，其中固定饲养 112 群，装卸 110 群。

③小 A 型：带房，可载蜂 120 群，其中固定饲养 64 群，装卸 60 群。④小 B 型：不带房，可载蜂 180 群，其中固定饲养 96 群，装卸 90 群。实际价格在 11.56 万~13.2 万元。

第三章　高效养蜂管理技术

第一节　蜂场的建设

一、场地选择

养蜂场地的优劣直接影响蜂群的发展和产量。根据饲养方式的不同，有临时和固定之分，但其要求条件基本是一致的，均需在现场勘察和周密调查之后确定。理想的放蜂场地应具备以下几方面的条件。

1. 蜜粉源丰富

充足的蜜粉源是蜂群赖以生存的物质基础，在蜂群繁殖和生产季节，距蜂场 2 000 米以内，要求至少有 1 种以上的主要蜜粉源，并有较多花期交错开放的辅助蜜粉源，蜂场与蜂场之间应至少相隔 2 000 米，以保证蜂群有充足的蜜源，减少蜜蜂疾病的传播。蜂场距蜜粉源植物越近越好，蜜粉源植物面积越大对蜂场的收获越有利。调查蜜粉源时，除注重其长势外，还要注意了解蜜粉源地块的土质、降水量、风向以及泌蜜规律、泌蜜量等。同时，还要了解施用农药情况，要及时与农业部门、植保人员及蜜粉源作物的主人取得联系，需要施杀虫农药的蜜源植物，蜂场要设在距蜜源植物 50~100 米或以外的地方，防止或减少蜜蜂农药中毒。所选蜂场附近的蜜粉源面积要力求大，按蜂群计算，每群应有长势良好的油菜、紫云英、荞麦 3 335 平方米以上；草木榉、苕子 2 668 平方米以上；向日葵、棉花、芝麻 5 336 平方米以上；大椴树、中龄洋槐、枣树、乌桕、荔枝、龙眼、柿树 25 株以上。当然，在一个场地以上蜜粉源不可能全有，但应力求选蜜粉源品种比较多且面积比较大的场地。

2. 水源良好

蜜蜂的繁殖、生产和养蜂人员的生活均离不开水，但最好避开广阔的水域，如水库、湖泊、大河以及被污染的水源，以免蜜蜂被风刮入水里，蜂王交尾时也很容易落水溺死。理想的水源是常年流水的小溪或小河沟。水源与水质直接影响蜂群的繁殖与生产，应倍加注意、着重选择，力求选择清洁流动的水源，保证蜂群正常的水量供给。

3. 气候与环境

海拔高的山地气温往往偏低，峡谷地带容易产生强大气流，低洼沼泽地容易积水，均不宜作为放蜂场地。养蜂季节不同，对地势也有不同的要求。春、秋季为蜂群繁殖期，地势要求向阳，东、南面宽敞，没有障碍物，西、北面最好有小山坡或房屋、墙垣等；夏季气温较高，须防烈日暴晒，可选择遮阴、通风、交通方便、环境安静的场所；越冬期，应选择背风向阳的场地，严防寒风侵袭和附近有振动源，保持蜂团安静，不致遭到惊吓，以免影响越冬效果。家庭养蜂，适宜选在房前的一端及墙角处，注意避开人行通道，严防有毒、有害等危害物和污染源。对于固定蜂场，宜暂将蜂群放在预选的地方试养 2～3 年，确认符合条件以后，再进行基本建设。此外，尽可能不要在农药厂、药库或糖厂、糖库附近建场放蜂，以免引起不必要的蜂群伤亡。

交通便利是现代生产、生活的重要条件，保持交通便利至关重要。转地放养的临时蜂场也应进出方便，但不要图省事将蜂群放在公路路基上，以防蜜蜂蜇伤人、畜引发纠纷。同时，在路基上放蜂有违《交通法》和《公路法》相关规定，是一种违规或违法行为，万一发生案情（如被行车撞伤），不仅得不到法律保护，还有可能被追究责任。故选择场址一定要离开公路干线，起码应距路基 20 米以上，选择在地势高、坐北朝南、背风向阳的地方。

二、排列蜂群

蜂群排列应根据场地大小、饲养方式、群势情况、地形地貌，并结合生产、试验、检查等方面的需要而定。其基本要求是便于蜂群的管理操作，便于蜜蜂识别本群蜂箱的位置。在蜂群运到后，如箱内蜂群吵闹，可把大盖架空，以便空气流通，并对巢门喷水降温，使蜜蜂尽快趋于安静状态。待排列好，再对巢门喷 1~2 次水，而后开启巢门。蜂群排列没有固定模式（图 3-1），蜂群较少、场地宽阔可予以散放，也有单箱排列或双箱并列，箱距 1~2 米，排距 4 米以上，前、后排各群交错排列。大型蜂场蜂群数量多，场地受限制，可双箱或多箱并列，箱距不得小于 0.4 米。转地放蜂途中在车站、码头临时放蜂时，场地如特别拥挤，可将蜂群呈方形或圆形排列，也可"一条龙"长条并列，即排成一行或多行，各箱箱距适当贴近一点，冬季越冬或春繁期也可紧靠并排，以便蜂群保温取暖。排列蜂群时还要考虑蜜蜂的偏巢因素，强弱群搭配成组，结合地形地貌及场内固有或人工设置的标记合理摆放。试验群要根据试验目的来安排，不可混为一体。交尾群应分散放置在蜂场外围目标清晰处，巢门方向不可一致，巢门前要设有特殊标记，以免处女王交尾归来错投他群。车站码头短暂放蜂时，如场地实在拥挤，还可四箱背靠背排列，这样管理比较方便。蜂群排列时，蜂箱距地面架高 10~20 厘米，夏天或雨季还可稍高一些，以免地面潮湿沤烂箱底或敌害侵入。蜂箱左右保持平衡，前低后高，以便清理箱底和防止雨水流进箱内。平时巢门宜朝南方或稍偏东南方，这样可提早接受阳光照射，有利于蜜蜂早出勤。巢门前不可有高的障碍物和杂草、垃圾等。无论哪种排列法，巢门都不能对着路灯、诱虫灯、高音喇叭或高压电线，以避免光、电、声的刺激引起骚乱造成损失，也不可面对墙壁或篱笆等建筑物，以免使蜜蜂进、出受阻。

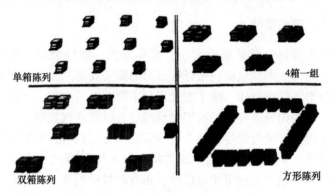

图 3-1　排列蜂群的几种模式

规模较小的家庭养蜂平时在家庭院内放蜂时，蜂群的排列应根据院子的具体情况具体安排。因为农家院建筑物不一定规范，院内堆放物比较杂，要求在排列蜂群前先将堆放物进行清理，空出较大、较齐整的空场，再因地势并结合走向进行排列。常用的方法是将蜂群沿墙根排列，将强群排到北屋墙前，小群或交尾群安置在南屋墙下，必须注意的是严防屋檐水滴下浸泡蜂群，尤其要避开家人经常活动的地域或通道，以防蜜蜂蜇人或伤及蜜蜂。

第二节　蜂群的常规管理技术

一、检查蜂群

检查蜂群，是为了了解蜂群内部情况，以便酌情采取处理措施。检查方法主要有开箱检查和箱外观察两种。

1. 开箱检查

开箱检查是蜂群饲养管理中最基本的操作技术，开箱操作会对蜂群正常的生产、生活造成干扰，故应尽量选择合适的时间并缩短操作时间。开箱检查的时间要视具体情况而定，大流蜜或盗蜂猖狂期及酷暑期可在早、晚检查，以免影响蜜蜂出勤或引起盗蜂。早春、晚秋检查要选择温暖天气的中午，最好选择气温在18～30℃晴暖无风的时间进行，尽量避免在阴凉处或14℃以下的天气开箱，操作时间一般不要超过10分钟，以防冻伤子脾，检查时要站在蜂群的一侧或后方，不要堵挡蜜蜂的出归通道。开箱时，养蜂人员身上切忌带有葱、蒜、汗臭、香粉等异味。开箱时的顺序是启下蜂箱箱盖，用启刮刀轻轻撬动副盖，用手指推移，使副盖与箱口黏着的蜂胶脱离，轻轻拿下副盖放在巢门前（但不要堵住巢门），再用检查盖布（用一面积大于箱口的黑布，中间开100毫米宽、490毫米长的检查口）罩住箱口，并根据需要调动检查口。接下来即可提脾检查，方法是用启刮刀一端的弯刃，依次插入各蜂路间近框耳处，轻轻撬动隔板和巢框，稍稍拉开框距，使框耳与箱身槽沟粘连的蜂胶分开，再用双手的拇指和食指紧捏两端框耳，将巢脾垂直由箱内向上提出，巢脾间不要碰到，以免擦伤蜂王或引起蜂怒。提脾检查须在箱上方进行，以防蜂王掉落。提出巢脾的一面对着视线，与眼睛保持约30厘米的距离，然后左手略放低，右手稍提高，以巢脾上梁为轴，将巢脾翻转，把捏住框耳的双手放平看另一面。在翻转时，要使巢脾卧立与地面始终保持垂直，可防止蜜汁及花粉从巢房掉出（图3-2）。如需撤出子脾、蜜脾时，先松动框耳扩大蜂路，将巢脾提到有半张露出箱口时，握脾的手势改为大拇指在上、食指在下，紧握框耳，用腕力上下快速振动几下，利用惯性将蜜蜂抖离巢脾。

根据检查蜂群的范围、目的及要求，开箱检查又可分为全面检查和局部检查。全面检查就是开箱后将箱内巢脾逐个提出全部查看，全面了解箱内情况，如蜂王健康情况、产卵面积大小、幼虫哺育情况、蜜蜂和子脾增减幅度、饲料余缺、有无病害、蜂巢是否拥挤等，在分蜂季节还应注意有无自然王台及分蜂热。局部检查就是从整个蜂群中选择有代表性的巢脾抽出少部分察看，大体推测蜂群整体情况。如隔板外有挂蜂是蜂数已经增长，要考虑加脾扩巢；巢房内有新产的卵（卵站立着）证明蜂王正常存在，不必逐脾寻王；脾上有急造王台是失王现象；有自然王台说明出现分蜂热等。无论是全面检查还是局部检查，在一定程度上均会影响蜂群的正常秩序和破坏巢内温、湿度的恒定。所以，操作时要注意做到轻、稳、快、慢相结合。轻，即开箱、提脾、抖蜂、放脾、覆盖的动作要轻；稳，即提脾、放脾、抖蜂时，巢脾必须保持垂直，不得撞击；快，即检查速度要快，操作时间要短，有问题要及时处理；慢，即放回副盖、隔王板时动作要慢，严防压死或挤伤蜜蜂。初次检查蜂群，要克服恐惧心理，如发现蜜蜂有震怒情绪，可用喷烟器轻轻喷放淡烟少许，蜜蜂受烟熏后，相应地会平静一些。

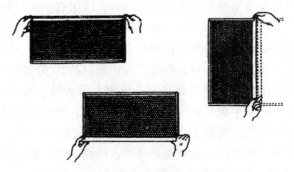

图3-2　翻转巢脾的操作顺序

检查蜂群的一个重要目的就是了解群势的强弱。通常情况下，养蜂人多用强群、中等群和弱群来表达群势，那么什么样的群势为强群、中等群、弱群呢？一般以蜜蜂数、子脾数来计算，具体情况见表3-1。

表 3-1　蜂群强弱对照

蜂种	时期	强群		中等群		弱群	
		蜂数	子脾数	蜂数	子脾数	蜂数	子脾数
西方蜜蜂	早春繁殖期	>6	>4	4~5	>3	<3	<3
	夏季强盛期	>16	>10	>10	>7	<10	<7
	冬前断子期	>8	—	6~7	—	<5	—
中华蜜蜂	早春繁殖期	>3	>2	>2	>1	<1	<1
	夏季强盛期	>10	>6	>5	>3	<5	<3
	冬前断子期	>4	>3	>3	>2	<3	<2

2. 箱外观察

受低温、盗蜂等因素影响不便开箱检查时，也可通过箱外观察来判断蜂群的内情。

（1）活动正常。蜜蜂出勤积极，采回大量花粉，秩序井然，是繁殖旺盛现象。

（2）流蜜情况。出巢蜂腹空，行动匆忙；回巢蜂腹大，疲劳紧张，不时落到巢门前稍息片刻再进入巢内，说明蜜粉源进入大流蜜期。

（3）走失蜂王。工蜂不时聚集在巢门口振动翅膀或来回焦躁地爬动，巢门口秩序混乱，出勤蜂减少，惊慌不安，此为失王现象。

（4）缺少饲料。阴冷或不利于活动的季节，多数蜂群停止活动，只是个别蜂群的蜜蜂仍忙乱地出巢活动，或在箱底及周围无力爬动，并有弃出的幼虫，说明该群饲料短缺或耗尽。

（5）敌害入侵。巢门口蜜蜂混乱，并有残片蜡渣和无头、少胸的死蜂，是老鼠或其他敌害侵入箱内的现象。

（6）分蜂热。蜜蜂消极怠工，出勤蜂明显减少，巢门口有"蜂胡子"，是蜂群产生分蜂热的现象。

（7）麻痹病。蜜蜂变黑发亮，绒毛几乎掉光，腹部膨大，身体颤抖，在地上无力地爬行，呈瘫痪状，是蜂群患有麻痹病的表现。

（8）蜂螨为害。常有发育不良，翅膀残缺不全，四肢乏力，出房不久的幼蜂出巢爬行，互相摩擦、清洗，是蜂螨危害严重现象。

（9）下痢病。蜜蜂颜色发黑，腹部胀大，飞翔困难，在巢门前跳跃爬行，巢门附近发现稀粪便，是蜜蜂患有下痢病或孢子虫病的现象。

（10）白垩病。在巢门口发现有白色石灰状、轮廓不明显的较大虫尸，有些虫尸上有白色菌丝，也有个别部位颜色发黑，这是蜂群患白垩病的症状。

（11）农药中毒。巢门前突然出现大量死蜂，有的出勤蜂采集归来未及进巢就翻滚死亡。死蜂翅膀展开，吻长伸，腹部弯曲，有的还带有花粉团，说明是蜜粉源植物施以农药，引起蜜蜂中毒。

（12）胡蜂侵害。巢门口守卫蜂增多，警觉地来回游动，情绪振奋，并有被咬死或伤残的蜜蜂，说明遭到胡蜂或其他敌害的袭击。

（13）发生盗蜂。外界蜜粉源稀少，蜂箱周围有蜂绕飞寻机侵入，巢门前有工蜂撕咬，进巢蜂腹小，出巢蜂腹大，说明已发生盗蜂。

（14）发生围王。群内有阵阵轰响声，巢门口有蜂惊慌不安，发出尖叫声，不时有蜂将伤、残、死蜂拖出巢门，则是围王现象。

（15）花期结束。蜜蜂出勤减少，巢门守护蜂增多，雄蜂被驱逐出巢，说明外界蜜粉源植物花期已过，蜜蜂警戒性提高或进入秋末贮备饲料阶段。

（16）产卵情况。如外界有蜜粉源，群势相似的蜂群中，部分蜂群工蜂勤采花粉，说明箱内有卵和幼虫，蜂王旺产；而个别蜂群采花粉的蜂稀少，表示蜂王产卵少或失王。

（17）幼蜂试飞。天气晴暖，每天下午3时左右，很多蜜蜂在巢门前有秩序地上下翻飞，头若礼拜，飞翔高度较低，热闹非凡，这是幼蜂在试飞。

（18）巢内过热。巢门不时发生拥挤，很多蜜蜂趴伏在巢门口，部分工蜂有秩序地振翅扇风，说明巢内过热，通风不良。

（19）春繁情况。早春气温较低，工蜂飞出巢外采水，或箱底巢门前有蜜蜂拖出的结晶粒，说明过于干燥造成蜜蜂口渴，或是蜂王开始产卵，哺育蜂饲喂幼虫导致缺水。

（20）发臭招引。部分蜜蜂聚集在门口，头向内、尾向外，高高举腹振翅发臭，是招引同伴或外出交尾的处女王归巢的表现。

3. 记录

平时对蜂群进行管理，有一项重要工作就是做好蜂群记录。做好记录对于掌握蜜蜂的生活、生产活动和发展规律，了解蜜源植物的开花、泌蜜等情况有重要作用，有助于养蜂人制订生产计划，提高养蜂效益。

（1）蜂群检查记录。蜂群检查记录有两种表格：一种是全场蜂群的总表，它是按检查次序（日期顺序）记录全场蜂群的情况及各种管理工作的。根据它可以了解蜂群在当地环境条件下变化发展的规律，并且可以比较各个蜂群的生产性能和生物学特性（表3-2）。另一种是分表，记录个别蜂群在一年中的变化情况、发现的问题及处理方法。它可以帮助了解个别蜂群的消长情况、生产性能和特性（表3-3）。

表3-2　蜂群检查记录（总表）

___蜂场___年___月___日　大气___气温___蜜粉源___

蜂群号码	蜂王情况	巢脾数						群势			发现的问题或工作事项
		共计	子脾	蜜脾	粉脾	空脾	巢础框	蜜蜂	卵虫脾	蛹脾	

管理人_____　　检查人_____

表3-3　蜂群情况记录（分表）

蜂场___第___号蜂群

上代母群号　第___号　　蜂王出生日期___年___月___日

检查日期	蜂王情况	巢脾数						群势			发现的问题或工作事项
		共计	子脾	蜜脾	粉脾	空脾	巢础框	蜜蜂	卵虫脾	蛹脾	

　　每次检查蜂群时，把蜂群的情况和处理工作简要地填写在总表内，以后再把各个蜂群分别记入分表。在每次检查蜂群前，先查阅上次的记录，做到心中有数。

　　表内"发现的问题或工作事项"栏，主要记载检查发现的问题和处理方法。例如，出现雄蜂和发现王台的日期、缺水、缺粉、加脾或减脾、加继箱等。

　　（2）蜂场日记。它主要记录影响蜂群生活活动的自然条件的变化情况，包括气象和正在开花流蜜的主要植物，以及示重群的重量等相关事项（表3-4）。经过多年记载和仔细分析蜂场日记，可以得出当地气候的变化规律，主要蜜源植物的泌蜜规律，以及它们对于蜂群生活、生产的影响。例如，"备注"栏中记录了普遍发生分蜂热的日期，且表现基本相似，然后研究、分析巢内外的相关条件，就会逐渐认识哪些因素是促成分蜂热的主要原因。

表3-4　蜂场日记

日期	阴处气温			相对湿度	降水量	气象			蜜源植物	备注
	7时	13时	21时			上午	下午	夜间		

（3）示重群的记录。示重群是放在地秤上的有代表性的蜂群，用来测定其每日重量的变化，以便了解蜜源的开始、结束日期和采蜜量。如果示重群的重量不变，表明有蜜源，但是采回巢内的蜜、粉仅够蜂群当日的消耗；倘若重量增加，就表示采来的饲料除去消耗以外还有剩余；重量减轻，则表示蜜源稀少。

检查次数不可过勤，通常以每半个月检查1次为宜，每次检查均应做好检查记录。根据多年的记录，预先制订蜂场工作计划和生产指标，加强养蜂工作的计划性和可行性，以便更有效地科学决策，发展生产和提高经济收入。

二、蜂群换箱

更换蜂箱时，要将被换蜂箱向后移动一箱之地，在原位置摆放应换入的空箱，把原箱的巢脾带蜂和蜂王按原顺序提入空箱中，再向箱内的踏板上抖落~框蜂，以招引外勤蜂归巢。如果更换的是新蜂箱，无蜂巢气味，踏板上可放一块本群的木隔板或自然脾以便招蜂进巢。

1. 两箱换入一箱

有时为了保温或管理的需要，要将两个弱群换入 1 个蜂箱中。这时要在两群原来的位置中间放 1 个双格空蜂箱，然后将两群的脾与蜂按位置分别提到双格箱内，每格放一群。双格箱的摆放应效仿原巢门式样保留两个巢门，使外勤蜂分别进入本群，以免造成混乱围王。过 2~3 天后两群彼此适应，可以把两巢门调近一点，中间隔一块三角形木块，根据管理需要可灵活掌握，便于调整平衡外勤蜂。

2. 一箱换入两箱

两群在一箱中繁殖到满箱，要分巢换入两箱时，可在原群的位置上放两个紧靠在一起的蜂箱，把蜂和脾按原位置从双格箱内分别提到两个空箱内，两群的巢门暂时留在两箱紧靠的位置上，傍晚将两箱拉开一点距离，以便盖严大盖，以后逐渐把巢门改到中间。

三、预防蜂蜇

初学养蜂的人对蜜蜂蜇刺反应敏感，甚至产生畏惧。这就需要多多了解蜜蜂的生物学特性，平时多预防。

第一，开箱检查时动作要轻，不能震动蜂群，更不能站在巢门前，阻挡蜜蜂的出入通道。

第二，提巢脾或处理蜂群时须轻拿稳放，严禁压死蜜蜂，激起蜜蜂震怒。

第三，穿着浅色衣服，保持清洁，不能有汗臭味。

第四，身上、手上避免有特殊气味，不要涂抹带有刺激性气味的香水等。

第五，酒后或吃过蒜后应尽量减少与蜜蜂的接触。

第六，阴雨低温或蜜粉源已过时，蜜蜂处于戒备期，此时应尽量减少检查蜂群，即使必须检查，时间也不宜过长。

第七，检查蜂群时应戴好蜂帽，特殊情况下还应扎紧裤口、袖口，防止蜜蜂爬入衣服内。

第八，遇到蜜蜂发怒萦绕身旁狂飞乱舞时，一定不要惊慌狂跑或惊叫，应保持镇静慢慢退出，或边退边轻轻脱下一件上衣包盖头部，缓缓走进室内、帐篷或树丛中。

第九，万一被蜂蜇后，不要丢掉巢脾惊慌乱扑打，否则会引起更多蜜蜂的围攻。万一遇到蜜蜂追赶，可采取急转弯或拐到墙角处，可有效甩掉追赶的蜜蜂。

第十，被蜂蜇后，用指甲轻轻刮去螫针，再用湿毛巾抹去蜂毒的气味，然后涂上少许氨水或肥皂等碱性溶液；或用抗组胺乳涂抹被蜇处，可减轻持续性局部疼痛。如果发生过敏现象，可每日服用阿司匹林；伤情严重者，应速去医院治疗。有条件的养蜂场应适量准备一些防蜇药物，如氨水、阿司匹林、氯化钙、咖啡因及脱敏药物等。氯化钙在应急时可用作解毒用，咖啡因可用作强心急救，做到有备无患。

四、饲喂蜂群

为了加快蜂群发展，快速繁殖蜂群多产王浆，以及在歉收年份补充蜂群饲料，需要进行饲喂。蜂群饲喂可分为补救饲喂、补充饲喂和奖励饲喂，其方法有差别，但目的是相同的，就是人为给蜂群提供蜂蜜（糖浆）、蜂花粉和水，根据蜂群需要有时也加喂食盐或药物。补救饲喂是在个别情况下蜂群内饲料用完，蜜蜂因饥饿导致生命垂危时，采取的紧急抢救措施，方法是将蜂蜜喷到蜜蜂身上，以利饿蜂食用。越冬期间需要将蜂群搬到暖室内，待蜂群散团苏醒后再进行补救饲喂措施。补充饲喂是在蜂群饲料不甚充足时，较大量地给蜂群补喂饲料。例如，晚秋补喂越冬饲料，每晚可给予 2~3 千克的蜂蜜，并争取在几日内喂足。奖励饲喂是根据蜜蜂得到饲料补充，即可提高活动积极性的特点，在蜂群饲料尚充足时，每日或隔日傍晚喂给少量蜜汁，刺激蜂王多产卵、工蜂多泌浆，以促进繁殖或取浆。

补救饲喂、补充饲喂所用蜜汁浓度较高，蜜、水比例为4：1.5即可。奖励饲喂浓度适量降低，蜜、水比例为1：1.2即可。如果饲喂糖浆代替蜂蜜，为了促进蔗糖转化，可在糖浆中加入0.1%的酒石酸。饲喂方法是，将蜜（糖）汁盛入饲喂器或饲喂盒内，傍晚放入巢内隔板外侧供蜜蜂食用。饲喂时间须得注意，以天气趋黑蜜蜂安静下来时为宜，并防止将蜜汁洒到箱外，以免导致蜜蜂发生混乱或引起盗蜂。

蜂花粉是蜜蜂体内蛋白质的主要来源，早春繁殖期蜜粉源植物尚未开花，补喂花粉或花粉代用品也是很重要的。饲喂方法是，首先将准备好的花粉或花粉代用品碾成细粉，在饲喂蜜汁时加入少量代喂，或将其盛入托盘或小盒内，拌入少量蜂蜜，放入蜂场明显处，任凭蜜蜂自采。

春、秋季繁殖期或干燥期，为减少蜜蜂外出采水所造成的损失，场内应设置喂水装置。例如，在场内放置一至数个盆，盛入沙石子，以清水浸泡超过沙石面，整日保持有水，不能干枯，保证蜜蜂随时采用。利用瓶式饲喂器喂水，可放在巢门口，也可直接放入蜂箱内的隔板外侧。特别干燥期（如枣花后期），天气炎热，蜜蜂飞行困难，蜂群用水量大，也可用巢脾灌满清水，直接插入蜂群巢脾的边侧，有利于蜂群降温、增湿，减少蜂群的劳动强度。繁殖期喂水时，可加入适量食盐，水、盐比例是100：1.2，这样更有利于蜜蜂泌浆育虫。饲喂时，必须在饲喂器里面放上浮板或草秆，使蜜蜂采食时不致淹死。

根据蜂群保健、防病治病和生产繁殖的需要，有时需要给蜂群喂药。可将药品拌入饲料中喂服，或将蜂药喷洒到蜂体上，供蜜蜂快速采用。注意用药量不可过大，以一位成人用量用于4~5个中等蜂群为宜。需注意的是，一定要避免药物对蜂产品的污染，生产期及采蜜期前 10 天应停止用药。

专用饲喂器各蜂具商店均有售，有单箱独用的，也有多箱混用的，有的还可减轻开箱之劳，甚为科学。

五、修造巢脾

1. 镶装巢础

先将巢框两侧边条钻 2~3 个孔眼，穿上 24 号铅丝，然后将其一头在边条上缠牢，拉紧，用手指弹能发出清脆的声音时，再将另一头在边条上拧紧。安巢础时，先将埋线板放平，衬板上铺一层纸或用湿布抹湿衬板，再将巢础的一边镶进上框梁的凹槽内。然后放在埋线衬板上，用埋线器沿着铅丝滑动，使铅丝埋入巢础中。巢础的边缘与下梁保持 5~10 毫米距离，与边条保持2~3 毫米距离。见图 3-3、图 3-4。

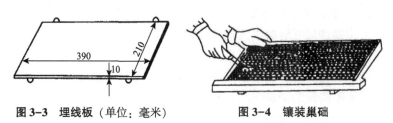

图 3-3 埋线板（单位：毫米）　　图 3-4 镶装巢础

2. 加础造脾

当蜂群的巢脾栋梁上出现白色新蜡时，即可将镶好的巢础的巢框插入蜂群内。中小群造脾，因为没有分蜂热，造出来的脾质量较好，没有雄蜂房。巢础框一般在傍晚加进。放在蜜粉脾和子脾之间。巢础框加入后，第 2 天要检查造脾的进度和质量，尽早让蜂王在上面产卵。未经育儿的脾，不宜越冬保温，次年春季蜂王也不喜欢在上面产卵。

3. 巢脾的保存

刚取过蜜的巢脾，一定要放回蜂群，让蜜蜂舐吸干净，然后放到清洁、干燥、严密、没有药物污染的地方。贮藏之前，要将巢脾修理干净，将蜜脾、半蜜脾、花粉脾、空脾分开，然后用二硫化碳或硫黄彻底进行消毒。方法是：把巢脾放入继箱套内，每箱7~8张，每5~8个继箱摞成一垛，将箱间缝隙糊严或用塑料罩严，若用硫黄熏蒸，将最下面的箱体空着，以便硫黄燃烧时产生气体上升，每个箱体用硫黄3~5克；若用二硫化碳，将箱垛最上面的箱空着，把盛有二硫化碳的器皿放在空继箱内，箱间缝隙糊严或用塑料罩严，每个箱体用二硫化碳5毫升。使用上述药物时，宜在无人居住的室内进行。

六、防止盗蜂

盗蜂是指其他蜂群去盗窃蜂蜜的蜜蜂。从仓库盗取蜂蜜、含糖的蜜蜂也称为盗蜂。

1. 盗蜂发生的原因

①蜂场强群弱群混放或有患病群。

②蜂群的储蜜普遍不足。

③有蜜的巢脾或糖浆洒落在场地没有及时清理。

④不同种的蜜蜂在同一蜂场饲养。

⑤仓库的门窗不严。

2. 盗蜂的制止

①个别蜂群发生盗蜂时，立刻将其巢门缩小到只容1只蜜蜂进入，巢门前可放一些草，或者在巢门前涂一些煤油、樟脑油等驱避剂。

②如果盗蜂已攻入被盗群，一种是迅速找到作盗群，将其巢门关闭，搬到离蜂场3~4千米以外的地方，打开巢门；原址放一空箱，箱内放2~3张空巢脾。经过几天后将原群移回，把空箱搬走。

③如果是分不清作盗群，就将被盗群的巢门关闭搬到离蜂场

较远的阴凉处隐藏起来，揭去履布，原址放一空箱，里面放几个卫生球，或在空箱内放几张空脾，巢门安装 1 根内径 6~10 毫米、长 20~30 毫米的竹管或厚纸筒，外口与巢门齐平，周围空隙用泥堵上，盗蜂飞来，钻入箱内不易出来，让它们在箱内饿两天，到傍晚时打开箱盖放走。

④如果全场发生严重盗蜂，要尽早把蜂场转移到 5 千米以外的地方，打乱原来的摆放次序，适当缩小巢门。

七、移动蜂群

1. 逐渐迁移法

就是在每天傍晚或早晨蜜蜂没有飞翔的时候，逐步地移动蜂箱，向前后移动时，每次可移动 1 米左右，向左右移动时，每次不得超过 0.5 米，这种方法适宜挪动 20~30 米的距离。

2. 直接移位法

除冬蜂群基本结团或冬末蜂群刚刚开始恢复活动可以直接迁移外，把蜜蜂搬到飞翔范围以内的其他地方去，也可采用此法。

八、收捕分蜂团

分蜂开始的时候，先有少量的蜜蜂飞出蜂巢，在蜂场上空盘旋飞翔，不久蜂王才伴随大量蜜蜂由巢内飞出，几分钟后，飞出的蜜蜂就在附近的树上或建筑物上结成蜂团，经过一段时间，分出群就要远飞到新栖息的地方。

当蜂群自然分蜂刚开始，蜂王尚未飞离巢脾，可立即关闭巢门，或在巢门前放一个蜂王幽闭器，不让蜂王出巢，然后打开箱盖，从纱盖上往箱内喷水，等蜜蜂安定后，再开箱检查，将蜂王捉入诱入器扣在脾上，毁除所有的自然王台。

当发现大量蜜蜂涌出巢门，蜂王也已出巢，然后在蜂场附近的树林或建筑上结团，可用一较长的竹竿，将带蜜的子脾或巢脾绑其一端，举到蜂团跟前，引诱蜜蜂上脾，当蜂王爬上脾后，将蜂王用诱入器扣在脾上，其他蜜蜂自然会飞回原群。如果蜂团结在小树枝上，并且很低，可将放脾的蜂箱放在分蜂团下面，用力震动树枝，使分蜂团落到箱内；若分蜂团结在高处树枝上，可将树枝锯断，锯断树枝时注意不要震动分蜂团，然后将蜂抖落到蜂箱内。

九、蜂群的四季管理

1. 春季的蜂群管理

（1）促使蜂群排泄。蜜蜂越冬之后，要进行 2~3 次排泄飞行，才能把积存在后肠中的粪便排泄干净。让蜜蜂排泄的时间，宜在外界气温达 8℃ 以上、晴暖无风时进行，室外越冬的蜂群可取下保温物，让阳光直射蜂箱，促使蜜蜂出巢飞翔。室内越冬的，把蜂箱搬到室外，为其飞翔创造条件。在蜂群排泄时，要注意防止蜜蜂飞偏巢。对于不正常的蜂群要立即开箱检查，或标上记号，抓紧处理。蜜蜂排泄之后，恢复蜂箱上的保温包装。

（2）检查蜂群。利用良好天气抓紧对蜂群进行全面检查，主要任务是：清除箱底死蜂、蜡屑、下痢斑点和霉迹；查明蜜蜂数量（强、中、弱）、饲料多少（多、够、缺）、蜂王有无、巢内是否潮湿、蜜蜂是否患有下痢等，同时饲料不足的要及时补充蜜脾，调整群势，合并无王群和小群，注意防止盗蜂。

（3）防治蜂螨。在幼虫未封盖之前是防治蜂螨的最好时机。

（4）包装保温。包装分为外包装和内包装。外包装主要是用草帘等保温物在蜂箱下面、后面、侧面进行保温包装，寒冷的地区在蜂箱的后面和两侧及箱与箱之间再添加一些干草。对于弱群还须进行箱内保温，如在隔板与蜂箱侧壁之间的空隙处填满保温物进行内包装。

随着外界气温逐渐升高，蜂群日益强大，随着群势的发展和蜂巢的扩大（加脾）逐步撤出箱内保温物。如果夜晚巢外有许多蜜蜂振翅扇风或聚集成团而不进去，则表明巢内温度过高，要逐渐撤去外包装，当外界气温最低气温稳定在 15℃ 以上时，撤去箱外包装。

（5）保证蜂群饲料的供应。

①喂蜜。奖励饲喂，可以刺激蜂王产卵。若喂蜜，要将 4~5 份蜜加 1 份温水使之稀释；若喂糖，则两份糖加 1 份水使之溶解，放温后饲喂。

②喂粉。如果巢内缺粉，可用贮存的花粉脾补充，也可用花粉或花粉代用品加蜂蜜调制成"花粉糖饼"，放在巢脾的上框梁上让蜜蜂取食。注意用的蜂蜜和花粉最好出自本蜂场生产，特别是花粉，要进行灭菌处理后再饲喂。

③喂水和盐。可用公共饮水设施或巢门喂水器进行，结合喂水，适当地喂些 0.3% 的食盐。

（6）适时扩大蜂巢。在进行第一次蜂群全面检查 15~20 天后，每 5~7 天检查一次，一般不做全面检查，只做局部检查。主要了解饲料情况、蜂王产卵情况及蜂儿发育情况。加第一张脾不要太早，一般当蜂群内巢脾全部成为子脾，面积达到 70% 以上，封盖子占子脾数一半以上，仍然蜂多于脾，隔板外面约有半框蜂，可以加脾，往后，每当所加的巢脾上子圈面积达到底部时，则可继续加脾，随着外界蜜粉源的逐渐增多，加脾速度可酌情加快。当巢内达到 7~9 张时，则停止加脾，迫使工蜂逐渐密集，从而为养王分蜂、叠加继箱和组织生产群奠定基础。

2. 生产期的蜂群管理

（1）培育适龄采集蜂。工蜂从卵到成虫需要 3 周，羽化出房后 2~3 周才能从事外勤工作。根据工蜂的发育日期和开始出勤采集的日龄来计算，从主要蜜源植物开始流蜜前 40~45 天，直到流蜜结束之前 35 天羽化出房的工蜂都是适龄采集蜂。

（2）修造巢脾。在蜂群发展时期，工蜂造脾积极性高，造成的巢脾雄蜂房少，脾面平整，质量最佳。造脾不仅有利于蜂群的发展，而且还能有效控制分蜂热发生。

（3）组织采集群。在主要蜜源开花前半个月，全面检查生产群的群势，在采集时应达到12框以上群势。如果没有达到采集群的要求，可以利用副群的蜂儿和蜜蜂补充主群。对于双王群，可以在流蜜期到来时，从双王群中提走1只蜂王，使之成为强大的单王采集群。

（4）控制蜂王产卵。在主要采蜜期，蜂群内若有大量的未封盖子脾，会使许多蜜蜂不能投入采集工作，对采蜜不利。在流蜜期长达1个月以上或两个蜜源花期相衔接，或以生产蜂王浆为主的蜂场，宜采取繁殖和采蜜并重的方法，不强调限制蜂王产卵，这样对长期维持强群有利。

（5）采蜜期的蜂群管理。

①集中力量采蜜。可以在主要流蜜期开始前10天内，用成熟王台更换采蜜群的蜂王，可以增加流蜜期短的蜜源植物的采蜜量。但这种方法只适宜在部分蜂群实行，也不宜在秋季的晚期蜜源实行。也可采用空脾换出生产群的一部分幼虫脾，放到副群里，减轻生产群的内颤负担，增加采蜜量。

②注意通风和遮阴。主要措施有大开巢门，扩大蜂路，掀开盖布的一角，以利花蜜中水分的蒸发，减轻蜜蜂酿蜜时的负担。

③适时取蜜、取浆。到了流蜜盛期，待蜂蜜酿制成熟再取，取蜜注意留足巢内饲料。取蜜的时间应安排在每天大量进蜜之前。取浆时要注意观察花粉的消耗。

3. 蜂群的秋季管理

（1）更换老劣蜂王。在夏秋主要蜜粉源时期，用蜂王产卵控制器控制种蜂王产卵，然后用大卵培育一批优质蜂王，更换生产力差的蜂王。

（2）培育适龄越冬蜂。适龄越冬蜂是指工蜂羽化出房后没有参加采集和哺育工作，而又进行飞行排泄的蜜蜂。培育越冬蜂时，巢内应保证充足的蜜粉饲料，在最后一个蜜源的流蜜后期，要谨慎取蜜，注意蜂数的变化，及时抽取大蜜脾留作越冬饲料，或换以空脾，保证蜂王有产卵的空房。同时要认真防治蜂螨，以保证越冬蜂的体质健康。调整蜂巢时，要抽出不适宜越冬的新脾和雄蜂房多的巢脾。

（3）幽王停产。因为羽化出房的幼蜂，在入冬之前必须经过排泄飞行，幼蜂出房过晚，也因不能进行排泄而不能正常越冬，同时，蜂王产卵，增加了工蜂的哺育工作和饲料消耗，促使越冬蜂衰老，削弱了越冬蜂的实力，蜂群群势越弱，蜂王停产越晚，对蜂群的治螨和安全越冬极为不利。辽宁丹东地区，一般在9月20日左右幽王停产为宜。

（4）贮备越冬饲料。如果选留的蜜脾不够，越冬之前必须补喂，为了蜂群安全应当用优质的蜂蜜，蜜蜂吃了这样的蜂蜜后，易吸收，后肠积存粪便少，有利于越冬。也可以用优质的白砂糖，给蜜蜂补喂越冬饲料时间宜早不宜晚，北方地区大都在9月下旬至10月上旬，补喂要尽早、尽快喂足，同时要注意防盗蜂。

（5）治螨防病。待蜂群断子后，巢内没有子脾时，抓紧大好时机用治螨药液喷治1~2次，使蜂螨寄生率降到最低限度。

4. 越冬期的蜂群管理

（1）室外越冬。越冬场所要求背风、向阳、干燥、环境安静。在蜂群群势、饲料和越冬场所等符合越冬要求的情况下，室外越冬成败的关键就在于对蜂群的包装保温，最可能发生的现象是保温过度，导致蜂群伤热。南方冬季的气温常在0℃以上，对蜂群一般不进行内外包装，只是根据群势强弱和气候的变化，做好遮阴、遮光、防雨、御寒等工作，力求控制蜜蜂外出活动。北

方对蜂群一般也只做外包装，不做内包装。在最低气温为-20~
-10℃的地方，在最低气温降到-5℃左右时，开始箱底垫10~20
厘米厚的干草或锯末，洒上石灰（防鼠），在最低气温-10℃时，
在箱盖上面盖2~4层草帘，箱后和两侧塞上干草保温，一排蜂
箱的箱与箱之间塞草。在箱前也要盖2~4层草帘，保持黑暗，
包装要逐步进行，巢门先大后小，注意防畜禽干扰，防火，防雨
雪，防鼠。

越冬期蜂箱巢门要防止老鼠钻入危害，对蜂群的管理主要通
过箱外观察判断蜂群状况，如无特殊情况，尽量不打开蜂箱
检查。

室外越冬，管理方便，只要包装正确，蜂群不伤热，不下
痢，死亡率就低；除了必要的包装物外，不需添加其他设备，比
较经济。

当外界气温0℃以下，并且已稳定，背阴处的冰雪已不融化
时，就可以把蜂群抬入越冬室，蜂群入室时间宜晚不宜早。蜂群
在室内要放在40~50厘米高的架子上，每摞码3个平箱或2个继
箱群，强群放在下面，弱群放上面。室温控制在-2~2℃，相对
湿度75%~85%，定期进行检查，掏出死蜂。

（2）室内越冬。这种方式，往往主要为冬季严寒的东北和
西北地区采用。越冬室有地上式、地下式和半地下式3种，无论
哪种越冬室，都必须具备如下条件：具有良好的保温隔热性能，
在最寒冷的时候，能保持室温相对稳定；通风良好，便于调节室
内温度和湿度；坚固安全，环境安静，室内黑暗。

5. 温室授粉蜂群管理

蜜蜂是农作物最重要的授粉昆虫。在蜜蜂与植物长期协同进
化的过程中，蜜蜂的形态结构、活动习性与植物的形态结构、生
理生化特性和授粉的最佳时间等方面都形成了相互依赖的关系。
蜜蜂全身遍布绒毛，有的绒毛呈分支或羽状，容易黏附大量、微

小的花粉粒，这对采集花粉并为植物授粉促进结实具有特殊的意义。一只蜜蜂可携带 500 万粒花粉，即使蜜蜂回巢将携带的花粉团卸下后，留在身上的花粉还有 1 万~2.5 万粒，因此，蜜蜂在植物花丛采蜜采粉时就达到传递花粉的目的。植物为了吸引昆虫来传粉，一般蜜汁和花粉互生在一块，蜜腺（图 3-5）位于花朵底部，蜜蜂在采蜜过程中就完成了传递花粉和授粉的过程。

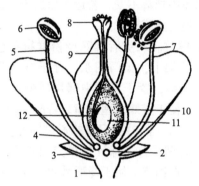

1. 花柄；2. 蜜腺；3. 萼片；4. 花瓣；5. 花丝；6. 花药；7. 花粉粒；
8. 柱头；9. 花柱；10. 子房；11. 胚珠；12. 花粉管

图 3-5　花的结构

我国温室面积已经居于世界第一位，用蜜蜂为温室作物授粉已经成为重要的农艺措施，每年需要大量授粉蜂群。近年来，温室草莓发展迅速，已形成了一定的规模。利用蜜蜂授粉，不但能改善草莓果实品质，而且增产38%以上，温室草莓授粉既增加果农效益，又促进了当地养蜂业的发展，一举两得。现将冬季利用蜜蜂为温室草莓授粉的注意事项总结如下。

（1）签订授粉合同。草莓栽培者与养蜂者应在秋繁之前签订授粉合同，保证有足够的蜂群供应，合同应写明蜂群数量、质量，授粉时间、地点，运蜂时间，违约责任等。

（2）授粉蜂群的配置。一般以温室面积约 340 平方米配一标准授粉群。授粉群应为有王群，两足框工蜂（约5 000只），贮备饲料5~6千克（若饲料不足，应及时补喂50%糖浆）。工蜂最好是经过蛰伏又经过排泄的越冬蜂。温室面积600平方米，可配两个标准授粉群，工蜂8 000~10 000只。

（3）进入温室时间。在盛花期前5~6天放入温室，最好是运到后傍晚入室。在入室后4~5天再打开温室底帘，可减少工蜂死亡数。运输途中蜂群不安，若运到后白天立即入室，会造成蜜蜂大量涌出，趋光撞膜碰死。

（4）蜂群的摆放。入室后拆除授粉群越冬包装。蜂箱应置于约半米高的蜂箱架上，巢门朝东，置于靠近温室西侧壁向阳处，也可以巢门朝南，置于温室中部靠后壁处。最好加巢门踏板，巢门略前倾，便于蜜蜂清理蜂箱。若放置两群蜂，可以放在温室两端。缩小巢门，容3~4只蜜蜂通过即可。

（5）蜂群的管理。首先保证蜂群充足饮水，靠近蜂箱置一容器盛满清水，放点稻草，便于蜂群采水，隔3~4天换水一次。授粉期间喷洒农药、使用化肥、熏烟剂等，应先搬走蜂群，1~2天后再搬回，以免蜜蜂中毒死亡。如果生长素使用过多，草莓徒长，蜜粉不足，会造成蜜蜂不采集授粉。应及时除去第一批花，待第二批花大量开放时，蜜蜂会正常授粉。由于草莓花泌蜜较少，授粉期间根据贮蜜情况适当补喂糖浆。在授粉后期，蜜蜂群势下降，适当抽出空脾或子脾，有利于蜜蜂群势的维持。

6. 熊蜂的周年繁育与授粉应用

熊蜂（bombus）隶属于膜翅目蜜蜂总科熊蜂族熊蜂属，是一类多食性的社会性昆虫，其进化程度处于从独居蜂到高度社会性蜜蜂的中间阶段。该属已知300余种，在寒带、温带和热带均有分布，但在温带高海拔地区种类尤为丰富。20世纪80年代野生熊蜂的人工繁育技术被突破，但国外对熊蜂的人工繁育技术进行严格保密。另外，欧洲的熊蜂在澳大利亚、日本、智利等国已经造成了生物入侵现象，美国、日本等国已经禁止进口该种熊蜂，进而转向研究利用本土熊蜂。在国内，20世纪90年代末，中国农业科学院蜜蜂研究所的科研人员率先攻克熊蜂周年繁育的技术难关，2000年初就开始商品化熊蜂群生产，现在已经实现工厂化周年繁育熊蜂群。从2005年开始，中国农业科学院蜜蜂研究所展开熊蜂相关课题研究，但目前熊蜂授粉仍然主要依赖进口。

熊蜂是温室果菜理想授粉昆虫。熊蜂为温室蔬菜及果树授粉，不但可以大大地提高产量，更为重要的是可以改善果菜品质，降低畸形果菜的比率，解决应用化学授粉所带来的激素污染等问题，因此，熊蜂成为温室蔬菜授粉的理想昆虫，利用熊蜂授粉也成为世界公认的绿色食品生产的一项重要措施。

（1）熊蜂授粉特点。熊蜂授粉作物广泛，有无蜜腺植物均适合；适应的温湿度范围大，在12~34℃范围内活动正常；有较长的喙，对一些具有特殊气味的茄科作物如番茄、辣椒、茄子以及深花冠作物如红三叶草、白三叶草等授粉特别有效；采集力强。熊蜂个体大，寿命长，浑身绒毛，一次可携带花粉数百万粒，对蜜粉源利用率比其他蜂种更加有效，访花速度快，授粉效率高于蜜蜂；耐低温和低光照，在蜜蜂不出巢的阴冷天气可以照常出巢；耐湿性强，趋光性差，在低温高湿条件下也可采集花粉，信息交流系统不发达，能专心为某一种温室作物授粉；熊蜂可以为声震作物授粉，一些植物（如茄科）只有被昆虫的尖锐嗡嗡声震动时才能释放花粉，这就使得熊蜂成为这些声震授粉作物如茄子、番茄等的理想授粉者。目前，许多国家应用熊蜂为温室番茄、茄子、甜椒、草莓、西瓜等农作物授粉，取得了非常明显的经济效益和生态效益。20世纪90年代末，我国科学家也开始熊蜂的人工利用研究，目前，熊蜂的人工繁育和授粉应用取得重大进展，并应用于番茄、茄子、草莓、桃、杏等温室农作物授粉，取得明显的经济效益。

（2）熊蜂的生活史。熊蜂工蜂与蜜蜂的工蜂一样后足具花粉筐，以植物花蜜和花粉为食物，大多数地方一年一代。在温带地区，当早春花开放时，熊蜂蜂王从越冬栖息场所地穴或朽木钻出来，开始了它的周年生活。

蜂王从越冬场所出来后，它们会采食一段时间，以便于卵巢完全发育。花粉可提供蛋白，刺激卵巢发育，促使蜂王产卵。蜂王卵巢开始发育，便开始寻找一个合适的巢穴。用其分泌的蜂蜡与野外采集的花粉混合筑造巢房，并在其中产下少数几粒卵，加盖。在巢房的周围筑造一些小蜜坛子，里面贮藏着从花中采来的花蜜。蜂王用身体紧紧抱住育儿室，维持蜂子恒定温度。刚孵化的小幼虫在育儿室内集体哺育，渐渐长大变成单独哺育，直到最终作茧化蛹。从产卵到出房大约需1个月。最初出房的都是一些小工蜂，这些小工蜂帮助蜂王担任扩巢、采食、防卫等工作。此后，蜂王就专司产卵，不再做其他工作。工蜂们培育出更多的工蜂，蜂巢急剧扩大，从此，在巢内各种大小不一的工蜂从事着各自的工作。到盛夏，蜂群群势达100只以上（蜂种不同会存在一定差异），蜂群进入最盛期。蜂王开始产下未受精卵，一段时间后，培育大量雄蜂和新蜂王，处女王和雄蜂交配后不断地取食花蜜和花粉，待体内的脂肪体积累充分时，新蜂王离开原蜂群，寻找到合适的越冬栖息场所休眠越冬，直到翌年春天。不久，老蜂王死亡，蜂群走向衰退，最后自然解体消亡。

（3）熊蜂周年繁育。在自然界，一般熊蜂是一年一代，但在人工控制条件下，模拟自然环境条件，通过打破蜂王的滞育期，实现一年多代周而复始的繁育，即熊蜂的周年繁育。

熊蜂的周年繁育一般遵循图3-6所示的工艺流程，其中诱导蜂王产卵、蜂群转移、育种蜂群处理、蜂王交配、蜂王贮存、蜂王滞育处理和蜂王激活形成周而复始的循环，是实现熊蜂周年繁育的关键环节。

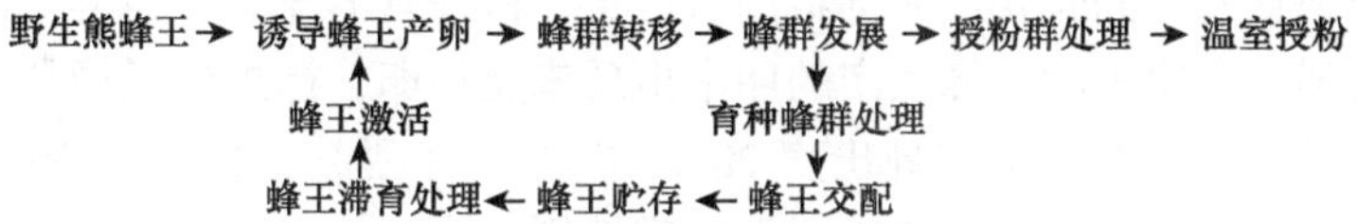

野生熊蜂王 → 诱导蜂王产卵 → 蜂群转移 → 蜂群发展 → 授粉群处理 → 温室授粉

蜂王激活　　　　　　　　　　　育种蜂群处理

蜂王滞育处理 ← 蜂王贮存 ← 蜂王交配

图3-6　熊蜂周年繁育的工艺流程

试验证明，在我国小峰熊蜂、明亮熊蜂、红光熊蜂、密林熊蜂及地熊蜂是适合人工周年工厂化繁育的熊蜂种。熊蜂蜂王一般会在实施诱导后14天内开始产卵。自然越冬的野外环境下，蜂王的产卵率高，在蜂王产卵之前，要及时供给配制的人工饲料，保证营养的充足，这样对蜂王的卵巢发育、成功诱导蜂王产卵具有极大的帮助。蜂王产卵和第一批蜂发育的整个过程，一般是在小蜂箱中饲养的，很小的空间就足够蜂王使用了，当第一批工蜂出房后，小饲养箱的空间不适应蜂群发展的需要。此时把小蜂群转移到大蜂箱内进行饲养，称作蜂群转移。一般在第一批工蜂出房后根据蜂群状况选择蜂群转移时间，从蜂王产卵到蜂群转移的时间为22~34天。熊蜂蜂群的发展主要受温度、湿度和光照等环境因子影响，人工繁育的车间温度控制在27~30℃，相对湿度控制在50%~70%，熊蜂的发育不像蜜蜂那么严格，在不同的环境条件下，熊蜂的发育状况有很大的差异，在适宜的环境下，从诱导产卵到成群（群势达到60只左右时）大概需要50天左右。根据蜂群发展状况选择性地将小蜂群移至授粉专用箱，在第二批工蜂出房时，要做好控制工蜂产卵的措施，以防止工蜂和蜂王竞争产卵而导致蜂群过早衰败。当群势达到50~60只时，就必须对其进行授粉前的预处理，先用专用保温物覆盖巢房，移至温度较低的缓冲间预冷2~3天，然后再装箱送入温室授粉应用。由于授粉专用箱内配备充足的饲料，蜂箱送入温室后不需专门管理。

选择一部分小蜂群移至育种箱作为种用群，放置于较高温度的繁育间，同时要加大饲料的供给量，保证营养充足。当群势发展到一定阶段时，蜂王产的卵中出现未受精卵，标志到了蜂群的转折点（距第一批工蜂出房 20 天左右），未受精卵发育成雄蜂，一部分受精卵发育成蜂王，即出现性别分化。大多数的蜂群先出现雄蜂，后出现蜂王，也有的蜂群先出现蜂王，后出现雄蜂，个别的蜂群只出现雄蜂或蜂王。一般要选择蜂王产卵力旺盛、蜂群转折点较晚的蜂群作为种用群，因蜂群中工蜂越多养成的蜂王就越多。将性成熟的新一代蜂王和雄蜂放入交配笼，在一定的性别比和环境条件下交配，蜂王和雄蜂都可以进行多次交配。对于不急于饲养的蜂王要进行贮存。利用冰箱的贮藏室，将温湿度控制在适宜的范围内进行贮存。一般贮存 1 个月时间蜂王的死亡率小于 5%。在自然界，交配后的蜂王要经过休眠越冬，直到第二年春天才可筑巢产卵繁殖后代。而商品化熊蜂群的生产，采用麻醉剂或激素等处理办法来打破或缩短蜂王的滞育期，使其在很短的时间内经历了休眠期体内所要经历的生理变化，从而达到打破蜂王滞育期。根据温室蔬菜授粉的需要，缩短或打破蜂王的滞育期，使其提前繁殖后代。贮存过的蜂王，尤其是经过长时间贮存的蜂王，体内的脂肪体消耗较多，处理后不宜直接用于繁育，而要经过一段时间的激活，待体内的营养积累充分、卵巢管发育完全时再进行诱导产卵的饲养。这一过程需要 14 天左右，主要通过温湿度的变化和饲料的供给量来调节。激活后的蜂王，就可以诱导其筑巢产卵，开始下一个繁育周期。

（4）熊蜂授粉应用。

①蜂群的运输。熊蜂的授粉专用箱为纸箱，里面装有液体饲料，在运输过程中严禁倒置和倾斜。熊蜂的集体较小而且容易受损，不能承受过大的震动和颠簸，应选择稳定性能较好的车辆运输，轻拿轻放。

②放蜂数量。授粉蜂群出厂时群内有 80~100 只成年蜂，一

般一群蜂可以满足1 334平方米（2亩）温室作物授粉需要，蜂群的授粉寿命为45天左右。因此，要根据温室面积决定放蜂数量．不能放蜂过多，否则会影响蜂群的授粉寿命；花期较长的作物要及时更换蜂群。

③放蜂时间。预测温室作物的始花期，要选择作物初花期放入蜂群，不能提早放置蜂群等待开花，浪费蜂群的授粉寿命，达不到满意的授粉效果。

④蜂群摆放。蜂箱应放置在温室中部，巢门朝南挂于温室的墙壁或放于适宜高度的支架上，应保证蜂箱干燥和向阳，高度要随着作物花朵的高度进行适当地调节，确保有利于熊蜂认巢和采集活动。

⑤蜂群管理。蜂群放入温室后，不宜立即开启巢门，应静置2小时，等蜂群处于平静状态的时候再开启巢门。可以通过观察进出巢门的熊蜂数量判断蜂群是否正常，在晴天的9∶00～11∶00，如果20分钟内有8只以上的熊蜂飞入或飞出蜂箱，则表明蜂群处于正常状态。箱内贮有饲料，无需另外饲喂。在授粉期间应尽量避免使用农药，因农药对蜂群正常采集造成一定影响。如必须使用农药、应在前一天的傍晚蜂归巢后关闭巢门，将蜂群移到缓冲室（休息室），用药后，待药味消失后放回原地，安静后打开巢门。

十、转地放蜂

1. 确定放蜂路线和调查蜜源场地

放蜂路线的好坏是转地饲养能否高产，获得最佳经济效益的关键。在蜂群起运前，要有目的地到下一个放蜂场地查看蜜源，落实场地。主要考查一下蜜源植物种类、面积、开花时间、气候情况、往年蜂蜜产量、历年到该地放蜂情况、落实放置蜂群地点等。

2. 调整蜂群

这项工作在高温季节长途转运时更为重要。转地前 1 周，把强群封盖子调到弱群；调整蜜脾；加水脾，巢脾排列要有利于通风。

3. 蜂群包装

起运前 1~2 天就要完成蜂群的包装工作。主要是将巢脾与蜂箱、巢箱与继箱固定起来，在长途运输中不至于因震动而发生箱坏脾毁和压死蜜蜂的现象。蜂群包装包括箱壁穿钉固定巢脾，钉纱盖，继箱与巢箱用连接器相连，最后用绳子捆绑，便于上车和下车时抓提。在炎热季节，蜂群强壮，最好开巢门运输。

4. 装运蜂箱

装运蜂群的车不能近期装过农药、有毒物品、化学物品。装叠的原则是先装前面再装后面，先装用具后装蜜蜂；先装重件再装轻件；堆叠的位置要求强群在外，弱群在内，空件居中；大箱靠边、小箱在里；箱箱靠紧，中间不空。一般巢脾方向最好与车厢平行。装好后，必须用结实的绳索封车。蜂群到达场地时，先向巢门口喷水再开巢门，在高温季节，蜂卸下后首先要快速巡视强群，发现有闷死的征兆应立即抢救。

第四章 中蜂养殖技术

第一节 中蜂过箱技术

一、过箱前准备

过箱是将旧法饲养的中蜂群移入活框蜂箱饲养，这是科学饲养中蜂的第一步。过箱会损失一些蜂子、巢脾和蜜粉饲料，对蜂群的正常生活有很大干扰。因此，应选择至少有 3~4 框蜂、2~3 框子脾的蜂群，在有丰富辅助蜜源、气温在 20℃ 以上的条件下过箱，以减少盗蜂发生，过箱后蜂群容易恢复发展。

1. 蜂箱和工具

准备好标准蜂箱，巢框穿好铅丝。使用的工具包括：承放巢脾的平板、埋线器、用于插绑巢脾的薄铁片、吊绑或者钩绑巢脾的硬纸板、夹绑巢脾的竹片或竹条、临时收容蜜蜂的竹笼或斗笠；其他还有喷烟器、起刮刀、面网、割蜜刀、钳子、细铅丝、图钉、脸盆、桌子、毛巾等。

2. 调整蜂群位置

对于悬在屋檐下或其他不适当地方的蜂窝，逐日下放或移动 20~30 厘米，移到便于操作或日后饲养的地方。对于无法移动的墙洞蜂或土窝蜂，在过箱后再逐步移动。

3. 过箱时间

春、秋季在晴暖无风的中午、夏季炎热时期在黄昏时过箱。

为了避免盗蜂和气候的影响，也可以在夜晚于室内过箱。室温保持在20~30℃，用红光照明。

二、过箱操作

老式蜂窝各式各样，木桶、竹笼饲养的中蜂宜采取翻巢过箱的方法，墙洞蜂或土窝蜂则采取不翻巢过箱的方法。翻巢过箱就是将蜂巢翻转180°，使蜂巢的下端朝上，这样操作方便。凡是蜂窝可以翻转、侧板和底板可以拆下的都采取这种方法。过箱时，最好2~3个人协作，便于脱蜂割脾、绑脾，再将绑好的巢脾放入蜂箱。

1. 翻转蜂窝

首先向蜂桶下端的巢门喷入少量的烟，然后使蜂窝内的巢脾纵向与地面保持垂直，顺势把蜂窝慢慢翻转过来，放在原来位置一旁。将收容蜜蜂的竹笼或斗笠紧靠在蜂窝上，用木棒从蜂窝下端向上轻轻敲打，或用淡烟驱赶，引导蜜蜂向上集结在竹笼中。待大部分蜜蜂进入笼内，将收蜂笼放在原来位置的附近，用瓦片将它稍微垫高一些，使飞回的蜜蜂进入笼内。对于横卧式的竹笼蜂窝，同样将它翻转，使其下部朝上，拆除两端侧板，从一端喷烟，将蜜蜂驱赶到另一端，用斗笠收容蜜蜂。

2. 割取巢脾

用刀顺巢脾基部切下，用承脾板或手掌托住，不使巢脾折裂。将子脾分别放在平板上，不可重叠放置，不要沾染蜂蜜，接着将它们安装在巢框内。首先抓紧处理子脾，将上部的贮蜜按直线切下。子脾上的蜜过多，巢脾过重，容易下坠。1个巢框最好只安装1个子脾，安装端正，绑扎牢靠。对于黑色的旧巢脾，面积小的、不整齐的巢脾，可把其中的贮蜜部分切下集中放置，留着取蜜，其他碎巢脾放入另一容器，留待化蜡。

3. 安装巢脾

根据巢脾的情况，分别采取不同的绑脾上框法（图4-1）。

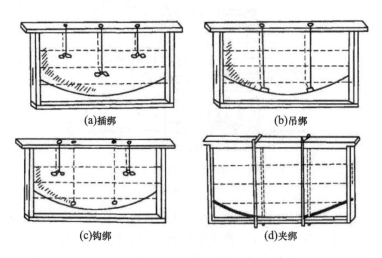

(a)插绑　　　　　　　　(b)吊绑

(c)钩绑　　　　　　　　(d)夹绑

图4-1　安装巢脾的方法

（1）插绑。已经培育过多代蜂子的黄褐色子脾，适合采用插绑的方法。将子脾裁切整齐，套上巢框，上端紧贴上框梁，用小刀顺着框线划脾，深度以接近巢房底为准，再用埋线棒将框线压入房底，然后用铁皮在适当位置嵌入脾中，穿入铅丝绑在框梁上（图4-2）。在裁切巢脾时，如果有蜂蜜流出，立刻擦净，避免蜂蜜沾染子脾。

埋线棒可用小竹条制成，长约150毫米，直径应小于巢房，其下端削成"八"形、"＾"形薄铁片，可用罐头听筒剪制，每片宽10毫米、长30毫米。

（2）吊绑。新巢脾用吊绑方法安装在巢框内。用厚纸板托在脾下缘，以细铅丝吊在框梁上。

（3）钩绑。经过插绑或吊绑的巢脾，如果下部偏歪，则以

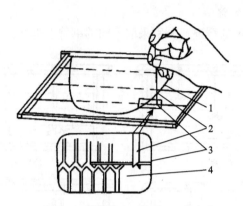

1. 巢脾；2. 埋线棒；3. 铅丝；4. 巢房壁

图 4-2 镶装嵌牌

钩绑纠正。用细铅丝一端拴一小片硬纸板，从巢脾歪出的部位穿过，在另一面轻轻拉正，再用图钉把铅丝固定在框梁上。

（4）夹绑。大块整齐的蜜粉脾或子脾，经过切割使巢脾上紧接巢框，压入框线后，用竹条从两面把巢脾夹住、绑牢。

绑好的子脾立刻放入箱内，大的放在中央，小的依次放在两侧，保持 8 毫米左右的蜂路。如果蜂多脾少，可加巢础框，外侧加隔板。

4. 移蜂上脾

将放入巢脾的蜂箱放在原来的位置，巢门方向不变，打开巢门，在起落板前斜靠一块木板。将收蜂笼提到木板上方约 30 厘米高处猛振数下，将蜂团振落到斜板上，蜜蜂便顺木板爬入箱内巢脾。集结在巢门外的小团蜜蜂，可用蜂扫催赶。

5. 不翻巢过箱

在墙洞内的蜂窝无法翻转，可首先取下它的护板，接着喷烟驱赶蜜蜂离脾，依次把巢脾割下，安装在巢框上，放入墙洞引导蜜蜂上脾。傍晚再连脾带蜂提入蜂箱，同时把墙洞封住。也可以将镶好的巢脾放入蜂箱，将蜂团收入竹笼，然后抖入蜂箱。

6. 借脾过箱

如果有活框蜂箱饲养的中蜂时，最好借用它们的子脾过箱，而将新安装绑好的子脾交给它们修整。

三、过箱注意事项

过箱操作要稳、快速、细致。割脾、驱蜂、抖蜂时，注意观察蜂王。如果蜂箱外有集结的蜂团，就要察看其中是否有蜂王。若发现蜂王，捉住它的翅膀，放入蜂箱内的巢脾上。过箱主要是保留子脾和少量蜜粉脾，淘汰老巢脾和沉重的蜜脾。过箱以后将现场清理干净。淘汰的巢脾及时轧出蜂蜡。过箱的蜜蜂已经进入蜂箱后，将其巢门缩小至 8~10 毫米，盖上盖布、副盖和大盖。如果气温较低，在隔板外的空隙处加保温物。

四、过箱后的管理

每天傍晚进行奖励饲喂，直到每个巢脾上部有宽 3 厘米左右的贮蜜，促使蜜蜂修整巢脾和刺激蜂王产卵。过箱的第 2 天进行箱外观察，看到蜜蜂采集正常、积极清除死虫和蜡屑，就表明蜂群已经接受了新巢，恢复了正常生活。过箱 3 天后进行全面检查。巢脾已经粘牢的可以除去绑缚物，纠正偏斜的巢脾，清扫箱底蜡屑污物。如果蜂群丧失了蜂王，则选留改造的王台或诱入蜂王，或与其他蜂群合并。

第二节　野生中蜂的收捕

我国各地的山林蕴藏着大量的野生中蜂，对其进行收捕，改良饲养，对发展养蜂事业有重要意义。

一、诱捕

诱捕野生中蜂是在适于它们生活的地方放置空蜂箱，引诱分蜂群或迁飞的中蜂自动飞入。诱捕时需要掌握以下几个环节。

（1）选择地点。引诱野生蜂群，应选择在蜜粉源比较丰富、附近有水源、朝阳的山麓或山腰、小气候适宜、目标明显的地方放置蜂箱。

（2）掌握时机。在蜜蜂的分蜂季节诱捕成功率高。北方4—5月和南方11—12月是诱捕中蜂的适宜时期。南方亚热带地区8—9月蜜源稀少，野生蜂群有迁飞的可能，也适于收捕。

（3）准备蜂箱。新蜂箱用淘米水泡洗，除去木材的气味，晾干，内壁涂上蜂蜡。箱内放3~5个上了铅丝和窄条巢础的巢框，两侧加隔板，并用干草填满箱内空隙。巢门宽8毫米。将巢框和隔板用小钉固定，钉上副盖，盖上大盖。蜂箱放在背靠岩石或树身处，并用石块将蜂箱垫离地面。附有蜡基的旧蜂桶具有蜜蜡气味，适宜用来引诱野生蜂群。

（4）经常检查。在分蜂季节，每3天检查1次。久雨初晴，及时察看。发现野生中蜂已经进入，待傍晚蜜蜂归巢后，关上巢门，搬回饲养。采用旧蜂桶的，应尽早过箱饲养。

二、猎捕中蜂

猎捕是根据野生中蜂的营巢习性和活动规律，追踪回巢蜂，找到野生蜂的蜂巢，再进行收捕。猎捕野生蜂，在北方以夏季比较适宜；在长江以南，中蜂一年四季都可以活动，以4—5月和10—11月气候温暖、蜜源丰富、蜂群强壮的时期进行较好。

1. 追踪采集蜂

在晴天上午9时至11时，进山注意搜寻采集蜂，观察它们回巢时的飞行活动和方向。采集蜂从花上起飞时，往往盘旋飞翔，然后朝蜂巢方向飞去。如果回巢蜂起飞时打1个圈，飞行高度在5米以下，就表明蜂巢距离不远，可继续追踪。回巢蜂打3个圈，飞行高度在6米以上时，说明蜂巢距离比较远，追踪困难。发现蜜蜂正在花上采集时，可用手托一盛蜜的小碟，等有飞来的蜜蜂采蜜返回时，跟踪它的飞行方向步步前进，最后可以找到蜂巢。

在有蜜蜂活动的山区，在离地面2米高的树叶上涂上蜂蜜，同时燃烧一些旧巢脾，使之散发出蜜蜡味。如果招引来了蜜蜂，注意观察返巢蜂的飞行活动和方向。另在相距10米左右的地方，用同样方法观察返巢蜂的飞行路线。向两条飞行线交叉的方向追踪，有可能找到蜂巢。

另一种方法是，用一根几十厘米长的线，一端系上一条小纸条，另一端系在捕捉到的采集蜂的腰上，然后放飞。系着纸条的蜜蜂飞行缓慢，便于追踪。

2. 追踪采水蜂

蜜蜂常在蜂巢附近有水源的地方采水，因此细心观察溪边、田边或有积水的洼地，如果发现采水蜂，就表明蜂巢距此最远不超过1千米。

3. 寻找蜜蜂粪便

蜜蜂在集团飞翔（认巢飞翔）或爽身飞翔时，常将粪便排在蜂巢附近。如果发现树叶、杂草有黄色的蜜蜂粪便，就表明附近有蜂巢。

4. 搜索树洞

蜜蜂常在有空洞的树干内营巢。可以请药农和猎人等经常进山的人提供线索，认真搜索有洞的大树。

5. 猎捕方法

发现野生蜂的蜂巢以后，准备好各种工具，如开挖洞穴的刀、斧、凿等，以及收蜂用的喷烟器（或艾草）、收蜂笼（箱）、巢框、面网等。

（1）树洞蜂或土洞蜂的收捕。挖开洞口，经过振动，大部分蜜蜂会吸蜜爬离巢脾。再用烟熏，使蜜蜂脱离巢脾在空处结团。参照不翻巢过箱的方法，割脾、镶框、收蜂。要特别注意将蜂王收入。将树洞蜂收捕以后，还可以利用原树洞诱捕野生蜂。将原巢穴尽量保护好，留下一部分蜡基，再用树皮、木片、黏土将其修复，留下1个出入孔。

（2）岩洞蜂的收捕。如果岩洞不能凿开，就先寻找有几个洞口，只保留其中1个出入口，其余的用泥封住。然后向巢内投入蘸有50%石炭酸的脱脂棉（或樟脑油棉团），立刻从保留的出入口插入一根直径10毫米左右的玻璃管，另一端伸入蜂箱巢门。蜜蜂受到石炭酸气的驱迫，纷纷通过玻璃管进入蜂箱。看到蜂王已从管中通过，洞里的蜜蜂基本上都出来后，关闭蜂箱巢门，运回处理。

第三节　中蜂饲养管理

一、蜂箱排列

蜂群排列方法应根据场地大小、饲养方式而定，以管理方便、便于蜜蜂识别蜂箱的位置为原则。摆放蜂箱时蜂箱左右保持平衡，后部稍高于前部，以防止雨水流入。蜂箱排列时，将蜂箱支离地面300~400毫米，以防蚂蚁及蟾蜍为害。

中蜂的认巢能力差，因此，中蜂蜂箱应依据地形、地物尽可能分散排列；各群的巢门方向，应尽可能错开。饲养少量的蜂群，可选择在比较安静的屋檐下或篱笆边作单箱排列。但桶养中蜂不便于经常检查，要特别注意防雨。蜂桶上部加稻草做的"帽子"，有利于防雨遮阴。木桶顶部加塑料或油毡防雨，然后再用木板盖严蜂桶。蜂桶最好放在平整的木板或大理石板上，便于搬动，清理蜡屑，防止滋生巢虫。在山区，利用斜坡布置蜂群，可使各箱的巢门方向、前后高低各不相同。在蜂箱前壁涂以黄、蓝、白、青等不同颜色和设置不同图案方便蜜蜂认巢。

中蜂和意蜂一般不宜同场饲养，尤其是缺蜜季节，西方蜜蜂容易侵入中蜂群内盗蜜，严重时引起中蜂逃群。

转地采蜜的中蜂群，可以3~4群为1组进行排列，组距1~1.5米。但两箱相靠时，其巢门应错开45°~90°角。当场地小、蜂群多，需要密排时，可采取分批进场的办法，把先迁来的蜂群在全场布开，2~3天后，再把后迁入的蜂群插入前批各箱的旁侧，这样可以减少迷巢现象。

（1）常规换王。1年换1次王，一般在春季3—4月。1年换2次王，一般在春季3—4月1次，秋季10—11月1次。

（2）结合蜂群断子治病换王。中蜂囊状幼虫病高峰期，用王台换王，使得蜂群有20天的断子期，阻断寄主，有利治病。

（3）采蜜换王。在流蜜期前15天，将原群蜂王除去或囚禁，诱入王台换王。采蜜期到来时，新王刚好产下一些子，从而激励蜂群采蜜，可获较高产蜜量。

二、盗蜂的防止

中蜂嗅觉灵敏，搜索蜜源能力强。当蜜粉源缺乏时，比西方蜜蜂更容易发生盗蜂，使蜂群遭受严重损失，甚至导致集体逃群。

1. 预防盗蜂的发生

平常检查蜂群时，动作要快，时间要短，少开箱；饲喂蜂群时，勿使糖汁滴落箱外；抽出的巢脾应放在密闭的空箱内严加保管，切勿暴露在外；在繁殖期和蜜源缺乏的时期，应适当缩小巢门至1~2只蜜蜂能出入大小，封堵蜂箱缝隙，防止作盗蜂侵入，也可使用圆孔巢门，并根据群势、蜜粉源及天气条件决定圆孔的开放数目；流蜜后期，群内要留有足够的饲料，并保持蜜蜂密集；与意蜂同场地采蜜时，应提前离场。

2. 盗蜂的识别

（1）作盗蜂。在其他群蜂箱外打转，寻找入侵孔隙的工蜂。缺蜜时节，蜂箱巢门工蜂进出繁忙，出来的蜜蜂腹部膨大。

（2）被盗群。缺蜜时节，蜂箱巢门工蜂进出繁忙，且进去的蜜蜂腹部小而灵活，出来的蜜蜂腹部膨大的蜂群。

3. 盗蜂制止

（1）刚发生少量的盗蜂。立即缩小被盗群和作盗群的巢门，以加强被盗群的防御能力；用乱草虚掩被盗群巢门，或者在巢门附近涂石炭酸、煤油等驱避剂，迷惑盗蜂，使盗蜂找不到巢门。

（2）多群互盗。蜂场发生盗蜂处理不及时，出现多群互盗甚至全场普遍盗蜂时，将全场蜂群全部迁到直线距离5千米以外的地方，是止盗最有效的方法。

三、中蜂逃群防止

1. 防止逃群的方法

平常要保持蜂群内有充足的饲料；蜂群内出现异常断子时，应及时调幼虫脾补充；平常保持群内蜂脾比例为1∶1，使蜜蜂密集；注意防治蜜蜂病虫害；采用无异味的木材制作蜂箱，新蜂箱采用淘米水洗刷后使用；蜂群排放的场所应僻静、向阳，无蟾蜍、蚂蚁侵扰；尽量减少人为惊扰；蜂王剪翅或巢门加装隔王栅片。

2. 中蜂逃群处理

逃群刚发生但蜂王未出巢时，立即关闭巢门，待晚上检查和处理（调入卵虫脾和蜜粉脾）；当蜂王已离巢时，按收捕分蜂团的方法收捕和过箱；捕获的逃群另箱异位安置，并在7天内尽量不打扰蜂群。

3. "乱蜂团"的处理

当出现集体逃群的"乱蜂团"时，初期关闭参与迁飞的蜂群，向关在巢内的逃群和巢外蜂团喷水，促其安定。准备若干蜂箱，蜂箱中放入蜜脾和幼虫脾。将蜂团中的蜜蜂放入若干个蜂箱中，并在蜂箱中喷洒香水等来混合群味，以阻止蜜蜂继续斗杀。在收捕蜂团的过程中，在蜂团下方的地面寻找蜂王或围王的小蜂团，解救被围蜂王。用扣王笼将蜂王扣在群内蜜脾上，待蜂王被接受后再释放。收捕的逃群最好移到2~3千米以外安置。

4. 防止"冲蜂"

蜂群迁飞起飞之后，因蜂王失落，投入场内其他蜂群而引起格斗的现象，称为"冲蜂"。会使双方大量死亡。当出现这种情况时，应立即关闭被冲击蜂群的巢门，暂移到附近，同时在原地放1个有几个巢脾的巢箱。待蜂群收进后，再诱入蜂王，搬往他处，然后把被冲击群放回原位。

四、工蜂产卵的处理

一旦发现工蜂产卵（图4-3），即应及早诱入成熟王台或产卵王，加以控制；将出现工蜂产卵的蜂群拆散，合并到有王群。合并时应将工蜂产卵群蜜蜂放在有王群箱内离隔板远一些。经上述方法处理后，产卵工蜂会自然消失。但对于不正常的子脾必须进行处理，已封盖的，应用刀切除，幼虫可用分蜜机摇离，卵可用糖浆灌泡后让蜂群自行清理。

五、中蜂人工育王

中蜂人工培育蜂王与意蜂培育蜂王的操作方法基本相同。中蜂群失去蜂王容易出现工蜂产卵，因此通常采用有王群育王。最好利用健康强壮的、有分蜂趋势的老蜂王群作育王群。中蜂蜂王在婚飞期间与20只以上的雄蜂交尾，才能充分受精，在进行移

图4-3 中蜂工蜂产卵

虫育王的 15 天以前，首先要培养大量的适龄雄蜂。中蜂工蜂分泌和饲喂蜂王幼虫的王浆少，每次培育蜂王，移虫数量以 20 只左右较好。

饲养中蜂宜在自然分蜂期到来以前的 10~15 天培育出新蜂王，用新蜂王更换衰老的蜂王或进行人工分蜂。育王群宜选用具有 1 年龄以上蜂王的强群，将蜂王剪翅，通过奖励饲喂、补助封盖子脾等办法，将其提早培养成 7 足框蜂以上的群势，促使其产生分蜂趋势。用框式隔王板将蜂巢分隔成 4~5 框的有王繁殖区和 3~5 框的无王育王区，使育王区有 3~4 框带有蜜粉的子脾，中间的两框子脾要有较多的幼虫，使育王区有较多的哺育蜂。对种用母群也加强管理，奖励饲喂蜜粉饲料，以增加泌浆量，使幼虫得到丰富的饲料，也便于移虫。

育王时可把一个子脾的下边切去一条宽 30~50 毫米的巢脾，在巢框上嵌上一根活动的王台板条，改造成一个简便的育王框。在移虫前 2 小时，将黏上蜡碗的王台板条安装在育王框上，加在育王群的育王区中部。蜡碗内径 8 毫米左右、深 10 毫米。蜡碗集中粘在王台板条的中段，蜡碗间距 10 毫米。蜜蜂清理修整蜡碗约 2 小时后即可进行移虫，也可以将每个蜡碗粘在三角形铁片上，移入幼虫以后分别插在育王区的一个子脾上，王台封盖后移动比较方便。在移虫前一天或当日清晨，仔细检查育王群的无王区，割除自然王台。

第四节 中蜂四季管理

一、春季管理

1. 早春检查

蜜蜂经过越冬之后，要进行排泄飞行，才能把积存在后肠中的粪便排泄干净。在外界气温达8℃以上、晴暖无风时进行。室外越冬的蜂群可取下保温物，让阳光直射蜂箱，促使蜜蜂出巢飞翔。室内越冬的，把蜜蜂搬到室外，为其飞翔创造条件。在蜂群排泄时，要注意防止蜜蜂飞偏巢。对于不正常的蜂群要立即开箱检查，或标上记号，抓紧处理。蜜蜂排泄之后，恢复蜂箱上的保温包装。

检查后，针对蜂群不同情况采取不同的管理措施：群势不强，组织双王同箱饲养；巢内缺蜜，补给蜜脾或进行补助喂饲；巢脾如已形成穿洞，可用小刀修理，工蜂会向下造脾；巢脾过多，抽出存放，使蜂多于脾；蜂群无王，立即合并；用起刮刀清除出箱底的蜡渣；及时翻晒保温物。

检查的动作要轻、快，时间要短，抽出的巢脾应立即保存好，不要把巢脾放置在箱外。早春检查宜在中午进行。注意防止盗蜂。

2. 包装保温

包装分为外包装和内包装。外包装主要是用草帘等保温物在蜂箱下面、后面、侧面进行保温包装，寒冷的地区在蜂箱的后面和两侧及箱与箱之间再添加一些干草。对于弱群还须进行箱内保温，如在隔板与蜂箱侧壁之间的空隙处填满保温物进行内包装。

　　春季气温低，外界气温变化大，蜂群育儿需要 34~35℃ 的稳定巢内温度，如果保温不好，子圈不易扩大，幼虫也常被冻死。工蜂为了维持育虫的温度，要消耗大量的饲料，容易造成饲料不足和工蜂早期衰老。

　　较弱的蜂群，可把它们组成双王群同箱饲养，这是增高巢温、加速恢复和发展群势的一种有效措施。具体做法是：把相邻的两群提到一个蜂箱内，用闸板隔开（图 4-4）。两群的子脾、产卵空脾靠近中间的隔板，蜜脾放在最外边，巢门开在蜂箱的两边。双王群保温好，繁殖快，又省饲料。如果双王群是强弱搭配，则可以互相调整子脾。

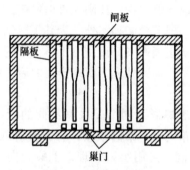

图 4-4　早春双王繁殖

　　温度高时适当放大巢门，天冷和夜间缩小巢门，对蜂群的保温能起很大的作用。做到蜂多于脾，并及时针对蜂群的饲料状况给予饲喂。遇到长期恶劣天气，工蜂难以采回花粉时，应给蜂群补充花粉。

　　3. 扩大产卵圈

　　在春季，不能用取蜜的方法扩大产卵圈。如果产卵圈偏于巢脾一端或受到封盖蜜限制，而工蜂的数量足够，气候良好时，可将巢脾前后调头。一般应先调中间的子脾，然后调两边的子脾。如果中间子脾的面积大。两边子脾小，则可将两边的调入中央，待子脾面积布满全框，可将空脾依次加在产卵脾外侧与边脾之间。如果产卵圈受到封盖蜜包围，应逐步由里向外，分几次割开蜜盖。

在春繁开始后，一般不做全面检查，只做局部检查，主要了解饲料情况、蜂王产卵情况及蜂儿发育情况。加第 1 张脾不要太早，一般当蜂群内巢脾全部成为子脾，面积达到 70% 以上，封盖子占子脾数一半以上，仍然蜂多于脾，隔板外面约有半框蜂，可以加脾。以后，每当所加的巢脾上子圈面积达到底部时，则可继续加脾，随着外界蜜粉源的逐渐增多，加脾速度可酌情加快。

随着外界气温逐渐升高，蜂群日益强大，箱内保温物，随着群势的发展和蜂巢的扩大（加脾）逐步撤出。如果夜晚巢外有许多蜜蜂振翅扇风或聚集成团而不进去，则表明巢内温度过高，要逐渐撤去外包装，当外界最低气温稳定在 15℃ 以上时，撤去箱外包装。

4. 育王分群

①在主要蜜源到来的 1 个月前就应人工育王。选择场内有 4 框蜂以上的蜂群作育王群。人工育王的王台被接受后 10 天左右进行人工分群，春季采用平均分群方法较合适。如果原群较弱，外界气温较低，可以在原群的箱内中间加闸板，分出群在闸板另一侧，并开侧巢门，处女王交尾成功后，进行双王同箱饲养，及时人工分群，可以控制分蜂热的产生。

②加础造脾。处女王交尾成功后，立即加础造脾，一般用 2/3 的础片供蜂群造脾较好。原群中已出现赘脾或工蜂较密集时，也应加础造脾。蜂群造脾时应进行奖励饲喂，适当保暖有助于工蜂快速造脾。

二、流蜜期管理

1. 组织采蜜群

由于中蜂具有强烈的分蜂性，而强群更容易引起分蜂热，若得不到及时消除，采蜜量就会显著下降。所以，在组织强群采蜜时，必须及时控制和消除分蜂热。其采蜜群势，以不产生分蜂热为限度。由于各地蜂群所能维持的群势不同，因此采蜜的群势也不一样，常变动在 5~15 框之间。

（1）双王同箱蜂群的组织。

①用 12 框以上的横卧箱饲养的双王群在初花期应改组成单王采蜜强群，把 1 个子脾、1 个空脾、1 个巢础框、1 只蜂王，连同 1~2 足框工蜂隔在蜂箱一侧，作为繁殖群，而将其余的蜜蜂和巢脾合成 9 框以上的采蜜群。

②用朗氏十框箱饲养的双王群在初花期应改组成单王采蜜强群，将 1 个蜂王连脾带蜂提出，外加 1 个空脾或巢础框，另置 1 个蜂箱中作为繁殖群，原群作为采蜜群。

③用中蜂十框箱饲养的双王群在初花期，将闸板移到箱内一侧，隔出 1 个 2 框区，把 1 个蜂王连脾带蜂提出，外加 1 个空脾或巢础框放入该区作为繁殖群。另一群群势得到加强作为采蜜群。

（2）单王群采蜜群的组织。

①补充老熟蛹脾或幼蜂。在流蜜期前 20 天左右，从其他蜂群抽调老熟蛹脾补充；或在流蜜期前 15 天，从其他蜂群抽调幼蜂补充。

②合并飞翔蜂。在大流蜜开始后，将相邻两箱蜜蜂中的 1 箱搬离数米另外放置，让该群的飞翔蜂投入原先相邻的另一群蜂中，使该群采集蜂大量增加，形成强大的采蜜群。采取这种方法组成采蜜群，必须在大流蜜开始后进行，否则容易引起围王。

2. 培育适龄采集蜂

工蜂从卵到成虫需要 3 周，羽化出房后 2~3 周才能从事外勤工作。根据工蜂的发育日期和开始出勤采集的日龄来计算，从主要蜜源植物开始流蜜前 40~45 天，直到流蜜结束之前 35 天羽化出房的工蜂都是适龄采集蜂。

3. 控制和消除分蜂热

（1）提早取蜜。在流蜜初期，提早采收封盖蜜，能够促进工蜂采蜜的积极性，使蜂群维持正常的工作状态。

（2）适当增加工蜂的工作量。遇到连续的阴雨天，采集活动受到影响时，大量的工作蜂怠工在群内，极易产生分蜂热。在这种情况下，可采取奖饲，加础造脾，或把繁殖群中的卵虫脾和采蜜群中的封盖子脾对调等，人为增加工蜂的工作量，也能控制分蜂热的产生。

（3）用处女王替换老王。用处女王替换采蜜群中的老王，或者用新产卵王替换老王，都能控制或消除采蜜群的分蜂热。

（4）模拟分蜂。对具有顽固分蜂热的蜂群，用一般的方法无法控制时，可用模拟自然分蜂的办法，消除分蜂热。具体做法：把群内的王台全部破坏，巢门前放 1 块平板，板的四周铺几张报纸，然后把蜜蜂逐脾抽出，抖落在平板上，让工蜂自由飞翔。蜂群由于未进行分蜂的准备，因此抖蜂时不会飞逃。这种做法相当 1 次自然分蜂的刺激。经几次抖落，再结合调整群内的巢脾，就能消除分蜂热，恢复正常的采蜜活动。

4. 解决育虫与贮蜜矛盾

（1）采用处女王取蜜。把采蜜群小的蜂王提出，换入处女王或成熟王台，造成一段停卵期，以便集中采蜜。

（2）采用浅继箱取蜜。对于中蜂采蜜群的群势达 10 框以上的强群，可采用浅继箱取蜜，有利于解决育虫与贮蜜的矛盾。浅继箱的高度，是巢箱的 1/2。每个标准巢框，上下可安两个浅继箱巢础框，叠放在巢箱内让蜜蜂造脾，待流蜜期到来时便取出放到浅继箱中。在浅继箱与巢箱之间，可以不必放隔王板。浅继箱的下框梁与巢箱的上框梁之间的距离不能超过 7 毫米，因为只有在这个距离内，中蜂工蜂才能上到浅继箱贮蜜。浅继箱取蜜，可以减少摇蜜次数，以便于取成熟蜜及巢蜜。

5. 流蜜后期的管理

在流蜜后期，摇蜜时，必须给蜂群留下足够的饲料蜜，切勿取光。为了防止盗蜂，应缩小巢门，并抽出多余的巢脾，做到蜂脾相称。此外，蜂箱的缝隙要堵严，检查动作要快。

三、秋季管理

1. 适时取蜜

辽东山区秋季蜜源植物较多，许多山花在秋季流蜜，因此秋季管理的好坏关系到中蜂主要经济收益，根据蜜源植物流蜜状况生产蜂蜜。

2. 培育适龄越冬蜂

适龄越冬蜂是指工蜂羽化出房后没有参加采集和哺育工作，而又进行飞行排泄的蜜蜂。培育越冬蜂时，巢内保证充足的蜜粉饲料，在最后一个蜜源的流蜜后期，要谨慎取蜜，注意蜂数的变化，及时抽取大蜜脾留作越冬饲料。保证蜂王有产卵的空房。调整蜂巢时，要抽出不适宜越冬的新脾和雄蜂房多的巢脾。在夏秋主要蜜粉源时期，培育一批优质蜂王，更换生产力差的蜂王。

3. 幽王停产

羽化出房的幼蜂，在入冬之前必须经过排泄飞行，幼蜂出房过晚，也因不能进行排泄而不能正常越冬，同时，蜂王产卵，增加了工蜂的哺育工作和饲料消耗，促使越冬蜂衰老，削弱了越冬蜂的实力，蜂群群势越弱，蜂王停产越晚，对蜂群和安全越冬极为不利。辽宁丹东地区一般在 9 月末幽王停产。

4. 贮备越冬饲料

如果选留的蜜脾不够，越冬之前必须补喂。为了蜂群安全应当用优质的蜂蜜，蜜蜂吃了这样的蜂蜜后，易吸收，后肠积存粪便少，有利于越冬，也可以用优质的白砂糖。给蜜蜂补喂越冬饲料时间宜早不宜晚，北方大都在 9 月下旬至 10 月上旬，补喂要尽早、尽快喂足，同时要注意防盗蜂。使每群蜂应存蜜或糖 10~15 千克。饲喂前调整好巢脾，子脾在中心，空脾在边上。饲喂过程中不再移动巢脾，让工蜂用蜡在巢脾间连接，堵塞蜂箱中的缝隙。

四、冬季管理

1. 室外越冬

越冬场所要求背风、向阳、干燥、环境安静。在蜂群群势、饲料和越冬场所等符合越冬要求的情况下，室外越冬成败的关键就在于对蜂群的包装保温，最可能发生的现象是保温过度，导致蜂群伤热。北方对蜂群一般也只做外包装，不做内包装。单群包装过冬时，春季工蜂不会偏飞到别群发生盗蜂。如果需要并列包装，应把箱距放宽，两箱之间至少相距 30 厘米。包装物主要是树叶、枯草或草帘。在最低气温降到−5℃左右时，开始箱底垫10~20 厘米厚的干草或锯末，洒上石灰（防鼠），在最低气温−10℃时，在箱盖上面盖 2~3 层草帘，箱后和两侧盖 2~3 层草帘，一排蜂箱的箱与箱之间塞草。在箱前也要盖 2~4 层草帘，保持黑暗，包装要逐步进行，巢门先大后小，注意防畜禽干扰、防火、防雨雪、防鼠。

越冬期蜂箱巢门要防止老鼠钻入危害，对蜂群的管理主要通过箱外观察来判断蜂群状况，如无特殊情况，不要打开箱检查。缩小巢门可减少冷风吹入，还能防止小老鼠窜入，破坏蜂巢，但不能堵死巢门。入冬后蜂群结成冬团越冬，这时不许撞敲蜂箱。

室外越冬，管理方便，只要包装正确，蜂群不伤热，不下痢，死亡率就低；除了必要的包装物外，不需添加其他设备，比较经济。

2. 室内越冬

当外界气温0℃以下，并且已稳定，背阴处的冰雪已不融化时，就可以把蜂群抬入越冬室，蜂群入室时间宜晚不宜早。蜂群在室内要放在40~50厘米高的架子上，每摞码3个平箱或两个继箱群，强群放在下面，弱群放上面。室温控制在-2~2℃，相对湿度75%~85%，定期进行检查，掏出死蜂。

这种方式，往往主要为冬季严寒的东北和西北地区采用。越冬室须具有良好的保温隔热性能，在最寒冷的时候，能保持室温相对稳定；通风良好，便于调节室内温度和湿度；坚固安全，环境安静，室内黑暗。

第五节 中蜂饲养管理要点

饲养中蜂与饲养西方蜜蜂的管理技术基本相同，但是中蜂具有蜂王产卵量较少、群势较小、分蜂性较强、抗巢虫力差等弱点，要采取管理措施加以克服。

一、严防盗蜂

中蜂体格小，力量弱，抗击不过西方蜜蜂，因此不宜和西方蜜蜂同场饲养。巢门采用中蜂能自由出入而西方蜜蜂不能进入的圆洞巢门板，或采用其他能防止西方蜜蜂进入巢内的防盗巢门。

二、使用新蜂王

选择蜂王产卵力强、蜂群壮、采集力强的蜂群作种群培育蜂王。及时更换产卵力差的衰老蜂王，保持全场蜂群长年使用新蜂王。

三、多造新脾

有蜜源时，加巢础框造新巢脾，淘汰老巢脾。可以采取小群打基础的办法，即将巢础框加入小群的蜂巢外侧，一面修造出基础，再换到另一面修造，然后提到强群里完成。准备蜂群越冬时，将新巢脾放在蜂巢中央部位。经常打扫箱底，保持蜂巢整洁，预防巢虫为害。

四、饲养双王群

饲养一部分双王群，或将两个小群同箱饲养。这样既可以将小群及时培育强壮、加继箱取蜜，又可以贮备一部分蜂王。当个别蜂群丧失蜂王时，可以立刻用来诱入，防止工蜂产卵。

五、控制分蜂热

中蜂的分蜂性比较强，使用新蜂王，多造巢脾，生产雄蜂蛹或蜂王浆，都能抑制分蜂热的发生。个别蜂群造了有卵王台时，可以分成几个交尾群，以后将不好的蜂王淘汰，将其合并到选留蜂王的交尾群。

在蜂箱上安装巢门隔王片。发生自然分蜂或蜂群飞逃时，由于蜂王被阻不能出巢，蜜蜂不得不返回，还可避免多个蜂群同时分蜂、飞逃。没有巢门隔王片时可以剪去蜂王一个前翅的 1/3。

另外，中蜂长期生活在野生或半野生状态下，要求生态环境荫蔽、安静。应把中蜂群放在有遮阴、光线暗弱、环境幽静的地方，切忌放在阳光直射、暴晒和有人、畜干扰的地方。蜂箱要严密、保温、保湿、保持黑暗。气温高、空气干燥时，饲喂清水、喷水雾，使蜂箱内相对湿度达到 75% 以上。中蜂喜密集，要根据蜂数调减巢脾数量，保持蜂多于脾的密集程度。取蜜时要给蜂群留下充足的饲料，不取子脾和半蜜脾的蜜，避免饲料不足引起蜂王停产和全群飞逃。多做箱外观察和局部检查，没有特殊情况不做无目的地随意开箱全面检查，尽量减少对中蜂的干扰。

第五章　蜜蜂授粉技术

第一节　蜜蜂授粉的意义与应用效果

一、现代农业与养蜂业相互依存，互利共赢

随着现代农业的发展，集约化生产方式及杀虫剂、除草剂的广泛应用，造成自然界一部分野生昆虫相继灭亡，授粉昆虫日益减少，满足不了虫媒植物依赖昆虫授粉的需要。鉴于蜜蜂具有物种多样性、可驯性、食物贮存性、群居性、可人为迁移性等特点，而且还有专门适应采集花粉的花粉刷、花粉铲、花粉耙和花粉筐等特化器官，有高度特化的口器及处理花蜜的蜜囊，能自行筑造储藏花蜜和花粉的蜡制巢脾，这些专用器官及其勤奋劳作等生理特性，使之较其他授粉昆虫具有更多、更灵活的可塑性和优越性。

植物的开花吐粉，为蜜蜂的生存与生产提供了物质保障，蜜蜂从植物花朵采集花蜜和花粉的过程中，使得植物的花器与蜜蜂的形态构造和生理特性相互适应，起到了异花传粉的作用。由于蜜蜂具有授粉专一性，同期内只采集同种作物的花粉，从而既有效地避免了异种作物杂交带来的不良后果，又促进了作物的优质高产，使得后代植株生活力和结实率大大提高，并增强了对逆境的抵抗力，这一良性循环的相辅相成关系，已被越来越多的人所认识。据统计，全世界已知的由昆虫授粉的显花植物约16万种，其中依靠蜜蜂授粉的占85%。如果没有蜜蜂授粉，约4万种植物

会繁育困难、濒临灭绝。农作物方面，90%的果树依赖蜜蜂授粉，各种粮、棉、油、果类、蔬菜，大部分都由蜜蜂授粉。蜜蜂成为自然界中主要的授粉媒介，农业增产技术加大了对养蜂业的依赖性。美国大部分农场和果园租用蜜蜂，为上百种农作物和牧草传花授粉，其授粉增产值是蜂产品总值的143倍。一些农业发达国家，均把养蜂作为促进农业增产的重要措施来抓，把利用蜜蜂为农作物授粉，视为现代大农业的重要组成部分，采取立法等各种扶持保护措施，大养其蜂，使蜜蜂和农业的有机结合更加密切，获得了农业和养蜂的双丰收。

二、蜜蜂授粉的实践应用与效果

蜜蜂授粉能使花粉粒提前萌发。浙江大学陈盛禄教授的研究表明：被蜜蜂采访过的柑橘花朵柱头上有花粉4 000粒，未经蜜蜂授粉的只有250粒，其柱头上很难找到萌发的花粉，而经授粉的柑橘柱头上花粉24小时萌发，120小时花粉管生长进入子房实现受精。苏联的干纳基研究证明：棉花花朵柱头上，自花传粉的花粉粒2小时尚未萌发，而通过蜜蜂异花传粉到柱头上只需5~10分钟，就开始大量萌发。

蜜蜂授粉可大大提高农作物的产量和质量，增产效益远远超过蜂产品本来价值的上百乃至数百倍。据报道。加拿大直接或间接利用蜜蜂授粉，农产品增产价值是蜂产品价值的200多倍；我国农业权威专家保守估计，仅油菜、向日葵、棉花、油茶4种作物，其授粉增产值是我国养蜂直接收入的10~15倍。蜜蜂为不同农作物授粉，其增产效果也不同。实践证明，蜜蜂为向日葵、大豆、蚕豆、油菜、荞麦授粉，可分别提高产量32%~50%、11%~15%、15%~20%、37%~40%和25%~45%，油料作物的出油率可提高10%以上。棉花经蜜蜂授粉后，其结铃率和皮棉产量可分别提高39%和38%，长度和种子发芽率提高8.6%和

27.4%；苹果、梨、荔枝等经济果木，可提高坐果率1倍以上；南瓜、西瓜、黄瓜等瓜果，增产幅度可达70%~200%，且能提前7~12天成熟上市，减少了人工授粉的工时和成本，大大增加了经济效益。蜜蜂对大棚作物授粉效果尤其明显，草莓比人工授粉的可增产3倍以上，西葫芦可增产2倍以上。

　　蜜蜂的授粉次数直接影响着授粉效果，笔者曾对大棚草莓的蜜蜂光顾只数、次数及坐果情况进行观察，其结果见表5-1。

表5-1　不同授粉次数对草莓坐果的影响

3月2日		3月4日	3月8日	3月15日	坐果率（%）	备注
鲜花数（朵）	授粉（次）	坐果（个）	坐果（个）	坐果（个）		
8	1	7	5	4	50	
7	2	7	5	5	71	达到授粉次数后，分别用纱罩罩起来
6	3	6	5	5	83	
8	4	8	7	7	87	
6	5	6	6	6	100	
7	6	7	6	6	86	

　　经过一次蜜蜂授粉的，其坐果成功率达50%以上，后期发育较经过多次授粉的没有明显差异；经过2~3次授粉的，其坐果率达80%以上，部分可达100%，果实发育正常；经过4~5次授粉的，坐果率可达90%以上，大部分达到100%。

第二节　蜜蜂授粉的技术要点

一、蜂种的选择

　　选择授粉蜂种时，要根据蜂种的特点和植物花管长短、开花习性、面积来选择合适的蜂种。例如，粉源面积大，花管又长，宜选采集力强、吻长的意蜂；授粉作物分布零散，花管中等，宜选欧洲黑蜂；花管较短的授粉品种，则宜选中蜂。

二、入场时间的确定

一般在植物开花初期（始花达 5%左右），即可将蜂群搬进场地。大棚作物开花授粉期，多在 11 月份及以后的冬令季节，宜在下午 3 时以后入棚，切不可在上午或清晨入棚，这样可减少初入棚时的撞棚死亡率。个别特殊性状的特定作物，如梨花等应在花朵开放 20%以上时进入，并配合诱导法使蜜蜂比较多地拜访花朵。棚内授粉的蜂群，在达到授粉效果后，应及时撤出，不可在大棚内久留；大田作物授粉蜂群的进场与出场，还应注意授粉作物及临近作物的施药情况，以保证蜂群的安全。

三、蜂群数量与放置

授粉所需蜂群的多少，应根据授粉作物的面积以及花朵的类型、数量、花期、长势和对蜜蜂的吸引情况等因素来灵活确定。一般是一个中等蜂群（8~10 框）可为 3 300~5 000 平方米（5~8 亩）果树授粉，或为 2 600~3 300 平方米（4~5 亩）油料作物授粉，还可为 4 000~4 700 平方米（6~7 亩）牧草及 5 000~6 600 平方米（8~10 亩）瓜类作物授粉。大棚作物可适度高一点，正常情况下，一个 450~600 平方米的大棚，可放 1 个 2~3 框蜂的小群，600~1 000 平方米的大棚，放 3~4 框蜂的蜂群，也就可以满足需要了。蜂箱的摆放应选择背风向阳、清洁卫生的开阔场地，尽可能距授粉作物近一些，最好摆放在授粉场地中央或边缘。受条件限制无法摆到附近时，相距授粉作物最好不要超过 500 米，以便蜜蜂就近采集提高劳动效率。对于大块授粉田（数百亩以上），应将蜂群分组排列在地段中央或两端，每组 20~30 群，这样便于提高授粉效果。

四、蜂群的管理

对于给大田作物（农作物类、牧草类、经济林木等）接粉的蜂群，要积极为之创造繁殖和采集条件，使之饲料充足，采用新王，繁殖强劲，并随时调整蜂群，及时加脾，不失时机地扩大或更新蜂巢，保持群内卵多、幼虫多、采集蜂多，在蜂场集中地段还须注意防止发生盗蜂，并加强病虫害的防治，根治蜂螨；对于为温棚（温室、塑料大棚、纱网控制区等）作物授粉的蜂群，入棚前，应经过一段时间的停产休息，休产时间应不低于 3 周。入棚前采取措施促使其进行排泄飞行，保证蜜蜂入棚时腹空、身爽、情绪稳定。棚内蜂群的巢门口要设取水设施，随时添加清水供其采食，同时要不断进行奖励饲喂，以便调动蜜蜂的活动积极性。奖励方法是，每隔 2~3 天，每群奖饲 150~300 毫升稀蜂蜜液或优质糖浆，并补喂 10~20 克天然花粉，以促使蜂王产卵繁殖。奖励饲喂要变夜间奖饲为清晨 8 时左右奖饲为好，这样更能刺激蜜蜂勤奋采集和繁殖。平时应注意棚内温、湿度的变化，要人为地为之创造适宜繁殖和生活的小环境。大棚作物晚期，棚主为了调节棚内温、湿度，往往采用晾棚的方式（温度高时，掀起棚前的塑料布），此时要防止蜜蜂飞出温棚外采集花粉，引起不必要的死亡或造成授粉作物品种杂交。

五、诱导授粉

正常情况或授粉作物蜜粉较多时，是不必要采取任何诱导措施的。但对个别授粉作物或特殊情况下，对蜜蜂缺乏吸引力时，可选用适宜的诱导法，促使蜜蜂及时又积极地进行授粉。常用的方法主要有饲料诱导法和光照诱导法。

1. 饲料诱导法

将提前收集到的授粉作物的花瓣浸渍在 1：1 的浓糖浆中 8~
12 小时，沥出花瓣，在清晨蜜蜂出勤前每群喂给 250~300 克。
或在鲜花盛开时，用背式喷雾器向花丛及花朵上喷洒与授粉作物
品种相同的稀蜜液，诱导蜜蜂前来授粉。

2. 光照诱导法

温棚中也可采用光照法进行诱导。即在花丛中（偏下部）
布置数盏荧光灯，灯向对着蜂群，灯体用细纱布笼罩起来，以防
蜜蜂撞灯灼伤。某些作物（如西葫芦）多在清晨开花，且花期
仅 3~5 小时，而清晨光线偏暗，温度较低，须大开灯光，增强
光照提高棚温，刺激蜜蜂投入授粉，阴雨天时更需如此。

六、调整群势

蜜蜂授粉蜂数应适宜、群势应强壮，尤为重要的是要保持有
较多的虫卵，整个授粉期间一直保持蜂多于脾或者蜂脾相称，使
蜂群处于繁殖状态。处于繁殖状态的蜂群，其采粉授粉积极性才
高涨旺盛。因此，应及时调整授粉蜂群，该补充蜂数时适当补充
青、幼龄蜂，并适时调入虫、卵脾，激发蜜蜂多采粉，提高授粉
性能，同时保证授粉蜂群有充足的后继力量。

七、脱收花粉

蜜蜂采粉有其积极性，在花粉多的授粉场地，如苹果、西瓜
等大田作物，可在特定时间（以上午 8 时至 10 时为多）在巢门
口安装脱粉片脱粉，既可在一定程度上激发蜜蜂的采粉授粉积极
性，又能获取优质花粉。脱粉时间的长短，以不影响蜂群繁殖为
度。实践证明，当蜂群处于繁殖状态，花粉仅仅满足蜂群需要而
没有剩余时，蜂群的采粉授粉积极性最高。

八、雌雄异株果树授粉

如果附近有供授粉的雄株果树，可脱下蜜蜂采回的花粉团，粉碎后撒在巢门内，使出巢采集的蜂体黏附花粉，以便随机授粉；如果附近没有雄株树提供花粉可供直接使用，可从其他场地采集同一品种花粉，在巢门口放一装有花粉的浅盒，采集蜂出巢时其浑身自然黏附许多花粉粒，在采访雌花时便可达到传送花粉的目的。

九、防止农药中毒

在温棚内授粉的蜂群，由于空间小，对农药特别敏感，授粉期间严禁向授粉作物喷洒杀虫剂，千万不可随意使用农药，以免造成蜜蜂损失，影响授粉效果。正常的方法是在入场（棚）前，集中力量施药治虫，将虫害消灭在萌发期，治虫结束1周后再搬蜂入棚。冬季老鼠在外界找不到食物，很容易钻到温室生活繁殖。老鼠爱咬巢脾，喜食蜜蜂，时常扰乱蜂群秩序。因此，蜂群入室后应缩小巢门，防止老鼠从巢门钻入蜂群。同时，应采取安放鼠夹、堵塞鼠洞、投放灭鼠药等措施消灭老鼠。

第三节　蜜蜂为农作物授粉的发展前景

蜜蜂授粉是农业生产成本最低的增产措施，而生态效益和社会效益却很大。据文献记载，每生产1千克花粉，蜜蜂需要出巢采集6万多只·次，每次采访500~1 000朵鲜花，共计要采访3 000万~6 000万朵鲜花。一个中等蜂群每年自食花粉约30千克。如果人们为之安装脱粉器人为生产花粉时，其产量还会提高数倍。因此，每群蜂每年仅是采集花粉就得出巢200万~400万只·次，起码要采访10亿~40亿朵鲜花。也就是说，仅此一项蜜蜂就能为 10 亿~40 亿朵鲜花授粉，可使农作物或经济林木受益，这么大的工作量，即便有成千上万名专职授粉技工也力不能及，在科学技术及现代化程度如此之高的当今时代，亦没有任何一种授粉器械能与之相媲美，蜜蜂在农作物传花授粉领域独领风骚，至今尚无对手。研究证实，一只蜜蜂周身的绒毛间可携带花粉 500 万粒，即使经过刷集后仍有 2 万粒以上的花粉黏附于绒毛之间，为传花授粉提供了极为方便的条件。

蜜蜂身体轻盈，行动敏捷，不会损伤花朵，不但授粉效率高，而且质量好，在农业发达国家均将蜜蜂授粉列为重要的农艺措施，我国授粉增产技术也已由试验和局部应用向大面积应用推广发展。为此，要改变养蜂是单一副业性生产的传统观念，密切农业和养蜂的相辅相成关系，发展蜜蜂专业授粉体系，充分发挥蜜蜂为农业授粉增产的巨大优势。农技部门要大力宣传蜜蜂为农作物授粉的重大意义，认真总结蜜蜂授粉的增产经验和典型事例，普及蜜蜂授粉常识，统一推广蜜蜂授粉增产技术，促使农业生产尽快实现现代化，这是一项事半功倍的大好事，其显著的经济效益必将在生产实践中发挥显现出来，这是科学养蜂的潜力所在，也是发展养蜂的主要目的之一。

第四节　蜜蜂授粉的形式与酬金

随着科学种田意识的提高及养蜂促农知识的普及，人们越来越接受并欢迎蜜蜂为农作物授粉，已有很多地区及诸多粮、果、菜农，诚挚希望自己的农作物得到蜜蜂授粉，以不同的形式迎接蜜蜂的到来。一是一些地区的政府在相关报刊中大做广告，以提供运费、解决运输，安排场地、解决养蜂人生活等为条件，吸引养蜂人到本地区为其农作物传花授粉；二是一些农场、林场及果农、菜农等，花钱租蜂为其大田或大棚作物授粉；三是一些农场、林场或果农、菜农，为了满足授粉需要，自行养起蜜蜂办起了蜂场，以蜂促农、以农保蜂，相辅相成，一举多得。当前采用最多的是农、林、蔬单位或个人直接与蜂农取得联系，以租赁方式租用蜜蜂授粉，租金的多少各地不一，大田作物与大棚作物有区别，不同时间、不同群势也有差异。以山东省为例，一般早春苹果、梨授粉每群（6~10框）在60~80元，夏季西瓜授粉为40~60元，冬季大棚草莓、西葫芦授粉每群为260~300元。

　　落实授粉点或授粉蜂群，双方均应慎重行事，确定租赁关系前应就具体事项进行协商，并签订相关协议以合同形式确定下来，授粉蜂群租赁合同的主要内容须包括：授粉植物、地点与面积，授粉蜂群数量与群势，进、出场时间，蜂群管理责任，租金的数额与支付时间、方式，违约责任的处罚与争议解决方式等。

第六章　蜜蜂病敌毒害防治技术

蜜蜂在生长发育过程中，经常会遭受到病敌害的侵袭，在环境条件剧烈变化的情况下，当有害的生物或非生物因子超过蜜蜂机体抵抗力时，蜜蜂就会出现生理机能失常的状态。蜜蜂病敌害不仅严重影响蜂群的繁殖和生存，而且会降低蜂产品的产量和质量。因此，加强蜜蜂病敌害的防治，是养蜂生产中一个重要的环节。

第一节　蜜蜂病敌害防治的途径

一、病敌害的种类

1. 蜜蜂的病害

蜜蜂的病害，可分为传染性病害和非传染性病害两大类。在传染性病害中，根据病原体对宿主作用方式不同，又分为侵染性病害和侵袭性病害两种类型。

侵染性病害，是指由细菌、真菌和病毒侵入感染所引起的病害。常见的有美洲幼虫腐臭病、欧洲幼虫腐臭病、囊状幼虫病、中蜂大幼虫病、白垩幼虫病、麻痹病和黄曲霉病等。

侵袭性病害，是指由寄生性原虫、蜘蛛类动物或昆虫寄生所引起的病害。常见的有孢子虫病、寄生螨病、壁虱病和中蜂绒茧蜂病等。

非传染性病害，是指由饲料、气候以及毒物等不良环境条件所引起的病害。一般没有传染性，主要有下痢病、束翅病、枣花病、幼虫冻伤、蜂群伤热以及甘露蜜中毒、花蜜花粉中毒、农药中毒等。

2. 蜜蜂的敌害

蜜蜂的敌害，是指那些直接捕杀蜜蜂或骚扰为害蜂群的有害昆虫和动物。主要有巢虫、胡蜂、蚂蚁、蟾蜍、老鼠和黄喉貂等。

二、病敌害防治的基本途径

在防治蜜蜂病害的过程中，必须认真贯彻"以防为主、防重于治"的方针。其防治的基本途径主要有以下几个方面。

1. 选育抗病品种

选择和培育抗病的蜜蜂品种是防治病害的重要途径，是保证蜂群健康的根本。蜂群的抗病能力有强有弱，在养蜂实践中，必须注意选择抗病力较强的蜂群，然后有目的有计划地进行培育，有希望获得抗病的品种。

2. 正确的饲养管理

在许多传染性病害中，虽有各种传播途径，但最主要是由于饲养管理不妥，而使病原物迅速传播，病害扩大流行起来。因此，正确的饲养管理，不仅可以断绝病害的传播途径，而且可以增强蜂体对病害的抵抗能力，减少发病或不发病。

3. 进行蜂场消毒

蜂场消毒包括蜂箱、蜂具、巢脾以及场地等方面的消毒。它是预防和扑灭各种传染性病害的重要措施。

根据蜂场消毒的目的要求不同，可分为预防消毒、随时消毒和终期消毒 3 种。预防消毒是为了预防某种传染病害的发生而采取的消毒措施；随时消毒是在某种传染病已经发生的情况下，为防止病原物的积累、扩散以及重复感染所采取的消毒措施；终期消毒是在发病区消灭某种传染病以后，为彻底消除病原体而进行的最后消毒。

蜂箱和蜂具在保存或使用之前，都要经过消毒。北方于春季蜂群陈列或活动以后进行，南方则在冬闲时进行。全面消毒时，应先清出一批空箱消毒，然后逐批进行换箱消毒。蜂箱、隔板、闸板、旧巢框等最好用煤油喷灯的喷焰消毒；铁制管理用具或生产王浆用的工具，可用70%酒精消毒。此外，还可以根据不同蜂具分别采用日光暴晒、煮沸、5%~10%漂白粉溶液或10%~20%石灰水消毒。

4. 采取回避防治

气候因子、外界具有毒物或有毒蜜粉源引发蜜蜂非传染性病害时，可针对发病的直接原因，采取回避的防治方法。例如因高温引发蜜蜂束翅病，可将蜂群迁到海滨有蜜粉源的地区。如果外界生长有毒蜜粉源或蜜粉源喷农药，蜜蜂采集时发生中毒或引起幼虫中毒，都需迁移回避，把蜂群搬离毒物区。对于蜜蜂敌害发生严重的地方，也可采取回避的防治方法。

5. 药物防治

对有发病迹象或已感病的蜂群，除加强饲养管理外，还需进行药物预防或治疗。到发病季节，不论群内症状表现是否明显，都要进行药物预防；如蜂群已感病，并有明显的症状，则应根据病原不同，采用相应药物对病群进行治疗。治疗时用药要注意合理的剂量，一般以足框蜂数计算应使用的剂量比较合理。同时要讲究治疗时间和喂药方式，以取得较好的治疗效果。

第二节　蜜蜂主要病害防治

一、幼虫腐烂病

蜜蜂腐烂病有美洲幼虫腐臭病和欧洲幼虫腐臭病两种，都由细菌感染，使幼虫死亡腐烂并散发异味。

1. 感官诊断

（1）美洲幼虫腐臭病（American foulbrood disease，AFB）。多感染意蜂，烂虫有腥臭味，有黏性，可拉出长丝。死蛹吻前伸，如舌状。封盖子色暗，房盖下陷或有穿孔。

（2）欧洲幼虫腐臭病（European foulbrood disease，EFB）。多感染中华蜜蜂，脾面"花子"，幼虫移位、扭曲或腐烂于巢房底，体色由珍珠白变为淡黄色、黄色、浅褐色，直至黑褐色。当工蜂不及时清理时，幼虫腐烂，并有酸臭味，稍具黏性，但拉不成丝，易清除。

2. 防治措施

（1）预防。抗病育种，更换蜂王；禁止患病蜂群移动，焚烧患病蜂群，彻底消毒；选择蜜源丰富的地方放蜂，保持蜂多于脾。

（2）管理。将病群搬走，原位置换成干净蜂箱，箱内放置无害蜜粉巢脾，巢脾多少以蜂多于脾为准。然后将被移动的病群蜂王捉住，置于箱中，轻轻抖动巢脾（避免腐烂蜂尸沾染蜜蜂），驱赶蜜蜂爬进新箱。

（3）防治。每10框蜂用红霉素0.05克，加250毫升50%的糖水喂蜂，或250毫升25%的糖水喷脾，每2天喷1次，5~7次为一个疗程。也可用盐酸土霉素可溶性粉200毫克（按有效成分计），加1:1的糖水250毫升喂蜂，每4~5天喂1次，连喂3次，采蜜之前6周停止给药。

用青链霉素（青霉素和链霉素，两种抗生素合用能治疗大多数细菌病）80万单位防治一群，加入20%的糖水中喷脾，隔3天喷1次，连治两次。

上述药物要随配随用，防止失效。研碎后加入花粉中，做成饼喂蜂也有效。

二、幼虫囊状病

囊状幼虫病（sacbrood disease）是一种常见的蜜蜂幼虫病毒病，中蜂、意蜂都有发生，中蜂成年蜜蜂被病毒感染后，寿命缩短。

1. 感官诊断

蜂群发病初期，子脾呈"花子"症状。当病害严重时，患病的大幼虫或蛹死亡，巢房被咬开，呈"尖头"状；幼虫的头部有大量的透明液体聚积，用镊子夹住头部将其提出则呈囊袋状。

死虫逐渐由乳白变至褐色，当虫体水分蒸发，会干成一黑褐色的鳞片，头尾部略上翘，形如"龙船状"；死虫不具黏性，无臭味，易清除。

2. 防治措施

（1）预防。抗病育种，选抗病群（如无病群）作父、母群，经连续选育，可获得抗囊状幼虫病的蜂群。早养王，早换王。

（2）管理。补足饲料，保持蜂多于脾；将蜂群置于环境干燥、通风、向阳和僻静处饲养，少惊扰可减少蜂群得病。

（3）防治。

①中药。半枝莲（或海南金不换根，河南叫牛舌头蒿）榨汁，配成浓糖浆后，灌脾饲喂，饲喂量以当天吃完为度，连续多次，用量一群蜂同一个人的用量。

②西药。13%盐酸金刚烷胺粉2克（或片0.2克），加25%

的糖水 1 000 毫升喷脾，每 2 天喷 1 次，连用 5~7 次。

三、蜜蜂白垩病

白垩病（chalk brood）是西方蜜蜂的一种幼虫病，广泛分布于各养蜂地区。病原是大孢球囊霉和蜜蜂球囊霉。

1. 感官诊断

在箱底或巢脾上见到长有白色菌丝或黑白两色的幼虫尸，箱外观察可见巢门前堆积像石灰子样的或白或黑的虫尸，即可确诊。雄蜂幼虫比工蜂幼虫更易受到感染。

2. 防治措施

（1）预防。抗病育种，春季在向阳温暖和干燥的地方摆放蜂群，保持蜂箱内干燥透气。防治蜂螨，不饲喂带菌的花粉，外来花粉应消毒后再用。

（2）管理。转移蜂场，把蜂群安置在干燥、通风的地方，经常清扫场地；蜂群前低后高，开大巢门，覆布折叠一角，使蜂巢上下通气。

病虫多的巢脾抽出焚烧，防止传播，保持蜂多于脾。

（3）防治。每 10 框蜂用制霉菌素 200 毫克，加入 250 毫升 50% 的糖水中饲喂，每 3 天喂 1 次，连喂 5 次；或用制霉菌素（1 片/10 框）碾粉掺入花粉饲喂病群，连续 7 天。

用喷雾灵（25% 聚维酮碘）稀释 500 倍液，喷洒病脾和蜂巢，每 2 天喷 1 次，连喷 3 次。空脾用该溶液浸泡 0.5 小时。

四、蜜蜂螺原体病

蜜蜂螺原体病是西方蜜蜂的一种成年蜂病害。病原为蜜蜂螺原体，是一种螺旋形、能扭曲和旋转运动、无细胞壁的原核生物。南方在 4—5 月为发病高峰期，东北一带 6—7 月为高峰期。

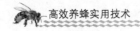

1. 感官诊断

病蜂腹部膨大，行动迟缓，不能飞翔，在蜂箱周围爬行。病蜂中肠变白肿胀，环纹消失，后肠积满绿色水样粪便。在 1 500 倍显微镜暗视野下检查，可见到晃动的小亮点，并拖有 1 条丝状体，做原地旋转或摇动，即可确诊。

此病与孢子虫、麻痹病病毒等混合感染蜜蜂时，病情严重，爬蜂、死蜂遍地，群势锐减。

2. 防治措施

（1）预防。培育健康的越冬蜂，留足优质饲料，给蜂群选择干燥向阳的场所越冬。

对撤换下来的箱、脾等蜂具及时消毒。

（2）防治。每 10 框蜂用红霉素 0.05 克，加入 250 毫升 50% 的糖水中喂蜂，或 25% 的糖水喷脾，每 2 天喂（喷）1 次，5~7 次为 1 疗程。

五、蜜蜂孢子虫病

蜜蜂微孢子虫病是西方蜜蜂成年蜂病，冬、春发病率较高，造成成年蜂寿命缩短，春繁和越冬能力降低。病原为蜜蜂微孢子虫。

1. 感官诊断

病蜂行动迟缓，腹部末端呈暗黑色。当外界连续阴雨潮湿时，有下痢症状。用拇指和食指捏住成年蜂腹部末端，拉出中肠，患病蜜蜂的中肠环纹消失，无弹性、易破裂。

2. 防治措施

（1）预防。用冰醋酸、福尔马林加高锰酸钾熏蒸消毒蜂箱、巢脾等蜂具。用山楂水化糖喂蜂。

（2）防治。

①喂酸饲料。在每升糖浆或蜂蜜中加入 1 克柠檬酸或 4 毫升

食醋，每10框蜂每次喂250毫升，2~3天喂1次，连喂4~5次，可抑制孢子虫的侵入与增殖。

②西药。用烟曲霉素加入糖浆（25毫克/升）中喂蜂治疗。

六、蜜蜂爬亡病

蜂爬病（crawling-bee disease）感染西方蜜蜂，4月为发病高峰期，病原有蜜蜂微孢子虫、蜜蜂马氏管变形虫、蜜蜂螺原体、奇异变形杆菌等。另外，不良饲料造成蜜蜂消化障碍、蜂螨等，也引起蜂爬病。发病与环境条件密切相关，当温度低、湿度大时病害重。

1. 感官诊断

患病蜜蜂多在凌晨（4:00左右）爬出箱外，行动迟缓，腹部拉长，有时下痢，翅微上翘。病害前期，可见病蜂在巢箱周围蹦跳，无力飞行，后期在地上爬行，于沟、坑处聚集，最后抽搐死亡。死蜂伸吻、张翅。病蜂中肠变色，后肠膨大，积满黄或绿色粪便，时有恶臭。还有些病蜂腹部膨胀、体色湿润，挤在一堆。

2. 防治措施

蜜蜂爬病，重在预防，饲养强群，保持饲料（蜂蜜、蜂粮、蜂乳）优质充足外，还须注意以下几点：

（1）遴选环境。选择干燥、避风和向阳的越冬及春繁场地，任何时候都不将蜂场放在粉尘污染的地方（如砖瓦窑、水泥厂多的地方和产生烟雾多的铝厂等附近、下风向）。保持蜂巢干燥、透气和蜂多于脾。利用气温10℃以上的中午，促进蜜蜂排泄，翻晒保暖物品，慎用塑料薄膜封盖蜂箱。

（2）早春炼蜂。

（3）转移蜂场。春天遭遇黄沙天气、黄雨天气、霾天气时，应及时转移场地。

（4）休养生息。适时停产王浆，培育适龄健康的越冬蜜蜂。

供给蜂群充足优良的饲料。加喂酒石酸、食醋等酸味剂，抑制病原物的繁殖，不用代用品。春季不过早繁殖。

（5）消毒。每年秋季对蜂具消毒。

七、蜜蜂麻痹病

有急性麻痹病（acute paralysis disease）和慢性麻痹病（chronlc paralysis disease）两种，多发生在春秋两季，是西方蜜蜂成年蜂病害。病原为蜜蜂急性麻痹病病毒（acute paralysis virus，APV）和慢性麻痹病病毒（chronic paralysis virus，CPV）。

1. 感官诊断

患急性麻痹病的蜜蜂死前颤抖，并伴有腹部膨大症状。患慢性麻痹病的蜜蜂，一种为大肚型，病蜂双翅颤抖，腹部因蜜囊充满液体而肿胀，翅展开，不飞翔，在蜂箱周围或草上爬行，有时许多病蜂在箱内或箱外聚集；另一种为黑蜂型，病蜂体表绒毛脱落，腹部末节油黑发亮，个体略小于健康蜂，颤抖，不能飞翔，常被健康蜜蜂攻击和驱逐。

2. 防治措施

（1）预防。防治蜂螨，选育抗病品种，更换蜂王。

（2）管理。春季选择向阳干燥地方、夏季选择半阴凉通风场所放蜂群，及时清除病蜂、死蜂。

（3）防治。用升华硫 4~5 克/群撒在蜂路、巢框上梁、箱底，每周 1~2 次，用来驱杀病蜂。

4%酞丁胺粉 12 克，加 50%糖水 1 升，每 10 框蜂每次用量 250 毫升，喷洒巢脾喂蜂，2 天 1 次，连喂 5 次，采蜜期停用。

八、蜜蜂营养病

在蜜蜂饲料中，糖类、脂类、蛋白质、维生素、微量元素等缺乏或过多，都会引起蜜蜂营养代谢紊乱而发病。

营养不良的原因很多：早春无花缺花粉寒冷无法出巢采水缺水，1 只蜜蜂哺育 1 只以上的蜂儿缺乳；夏秋 1 只蜜蜂哺育 3 只以上蜂儿缺乳，天热蜂离脾蜂儿得不到足够的食物，生产王浆、劳役过重工蜂营养不足，平日蜂群饥饿。

1. 感官诊断

幼虫干瘪，被工蜂抛弃；幼龄蜂体质差、个小、寿命短并伴随卷翅等畸形，爬死；成年蜂早衰、寿命短，产量低。在没有饲料的情况下会饿死，因饲料不良还会导致拉稀病，蜜蜂体色深暗，腹部膨大，行动迟缓，飞行困难，并在蜂场及其周围排泄黄褐色、有恶臭气味的稀薄粪便，为了排泄，常在寒冷天气爬出箱外，冻死在巢门前。

2. 防治措施

把蜂群及时运到蜜源丰富的地方放养或补充饲料，在恶劣条件下，应暂停蜂王浆、蜂蛹等消耗营养大的生产活动；在蜜蜂活动季节，要根据蜂数、饲料等具体情况来繁殖蜂群，并努力保持巢温的稳定。蜂群越冬，提前喂足，不用玉米糖喂蜂。

第三节　蜜蜂主要敌害防治

蜜蜂敌害包括取食蜜蜂和吮吸蜜蜂体液的所有可见动物。

一、蜂螨

蜂螨主要有大蜂螨和小蜂螨，是西方蜜蜂的主要寄生性敌害。

1. 大蜂螨

（1）生活习性。大蜂螨一生经过卵、若螨和成螨 3 个阶段，在 8—9 月为害最严重。成螨寄生在成年蜜蜂体上，靠吸食蜜蜂的血淋巴生活；卵和若螨寄生在蜂儿房中，以蜜蜂虫和蛹的体液为营养生长发育。

（2）感官诊断。被寄生的成年蜂烦躁不安，体质衰弱，寿命缩短。幼虫受害后，有些在蛹期死亡，而羽化出房的蜜蜂畸形、翅残，失去飞翔能力，四处乱爬。受害蜂群，繁殖和生产能力下降，群势迅速衰弱，直至全群灭亡。

2. 小蜂螨

（1）生活习性。小蜂螨一生也经过卵、若螨和成螨3个阶段，主要生活在大幼虫房和蛹房中，很少在蜂体上寄生，在蜂体上只能存活2天。在巢脾上爬行迅速，在河南省，小蜂螨5—9月都能为害蜂群，8月低9月初最为严重，生产上，6月份就需要对小蜂螨进行防治。

（2）感官诊断。小蜂螨靠吸食幼虫和蛹的淋巴生活，造成幼虫和蛹大批死亡和腐烂，封盖子房有时还会出现小孔，个别出房的幼蜂，翅残缺不全，体弱无力。小蜂螨的为害比较隐蔽，往往造成见子不见蜂的现象。

3. 防治措施

（1）抗螨育种。蜜蜂抗螨（大蜂螨）行为主要通过清洁卫生和使大蜂螨不能在蜜蜂幼虫上正常生长发育实现的。选育抗螨蜂群时，首先，选择抗病（如美洲幼虫腐臭病和白垩病）、高产强群进行卫生行为能力测定，其方法是：从蜂群中挑选封盖子脾，子脾连片整齐，尽量没有空房，蜂子日龄以复眼白色或粉红色为准；将所选子脾切成5厘米×5厘米大小块，然后置于冰箱中24小时，将蛹冻死；再将冻死的小块子脾镶嵌在相同日龄的子脾中间（巢房上下不能颠倒），返还蜂群；在经过24小时、48小时观测死蛹清除率，以清除率高者定为卫生行为强。其次，选取全场1/3的卫生行为好的蜂群，培育雄蜂和处女蜂王，更换所有蜂王。在同一区域，所有蜂场全面进行抗螨育种。

抗螨育王每年进行一次，当蜂螨寄生率在5%以下即可停止治螨。

（2）药物防治。

①断子期药物治大蜂螨。原理是切断大蜂螨在巢房寄生的生活史，用药喷洒巢脾，时间选择早春无子前、秋末断子后，或结合育王断子和在秋繁殖前断子。常用的药剂有杀螨剂1号、绝螨精等水剂，按说明加溶剂稀释，置于手动喷雾器中或两罐雾化器中喷雾防治。

方法一：手动喷雾器喷洒。将巢脾提出置于继箱后，先对巢箱底进行喷雾，使蜂体上布满水滴，再取一张报纸，铺垫在箱底上，左手提出巢脾（抓中间），右手持手动喷雾器，距脾面25厘米左右，斜向蜜蜂喷射3下，喷过一面，再喷另一面，然后放入蜂巢，再喷下一脾，最后，盖上副盖、覆布、大盖。第二天早晨打开蜂箱，卷出报纸，检查治螨效果。

方法二：两罐喷雾器喷洒。药物为杀螨剂，载体为煤油，比例为1：6。先按比例配好药液，装进药液罐。在燃烧罐中加入适量酒精，点燃，使螺旋加热管温度升高。然后，手持雾化器，将喷头通过巢门或钉孔插入箱中，对着箱内空处，压下动力系统的手柄3下即可。

隔天一次，连治3次。

②繁殖期药物治大蜂螨。蜂群繁殖期，卵、虫、蛹、成蜂四虫态俱全，即有寄生在成年蜜蜂体上的成螨，也有寄生在巢房内的螨卵、若螨和成螨，应设法造成巢房内的螨与蜂体上的螨分离，分别防治；或者选择既能杀死巢房内的螨又能杀死蜂体上螨的药物，采用特殊的施药方法进行防治。常用螨扑（如氟胺氰菊酯条、氟氯苯氰菊酯条）、升华硫、杀螨剂等。使用前，都需要做药效试验。

方法一：每群蜂用药两片，弱群1片，将药片固定在第二个蜂路巢脾框梁上，对角悬挂，1周后再加1片。使用的螨扑一定要有效，有些螨扑对幼蜂毒害大。

方法二：分巢轮治（蜂群轮流治螨）。将蜂群的蛹脾和幼虫脾带蜂提出，组成新蜂群，导入王台；蜂王和卵脾留在原箱，待蜂安定后，用杀螨水剂或油剂喷雾治疗。新分群先治1次，待群内无子后再治两次。

③升华硫防治小蜂螨。

方法一：将杀螨剂和升华硫混合（升华硫500克+20支杀螨剂，可治疗600～800框蜂），用纱布包裹，抖落封盖子上的蜜蜂，使脾面斜向下，然后涂药于封盖子的表面。

不向幼虫脾涂药，并防止药粉掉入幼虫房中，涂抹尽可能均匀、薄少，防止引起爬蜂等药害。在河南省和山西省，6月份防治小蜂螨。

方法二：升华硫500克+20支杀螨剂+4.5千克水，充分搅拌，然后澄清，再搅匀。提出巢脾，抖落蜜蜂，用羊毛刷浸入上述药液，提出，刷抹脾面。脾面斜向下，先刷向下的一面，避免药液漏入巢房内，刷完一面，反转后再刷另一面。

二、蜡螟

有大蜡螟和小蟆螟两种。

1. 感官诊断

蜡螟以其幼虫（又称巢虫）蛀食巢脾、钻蛀隧道，为害蜜蜂的幼虫和蛹，成行的蛹的封盖被工蜂啃去，造成"白头蛹"，影响蜂群的繁殖，严重者迫使蜂群逃亡。此外，蜡螟还破坏保存的巢脾，并吐丝结茧，在巢房上形成大量丝网，使被害的巢脾失去使用价值。

2. 防治措施

（1）预防。蜂箱严实无缝，不留底窗，摆放蜂箱要前低后高，左右平衡。贮藏巢脾，可用塑料膜袋密封，并用药物有计划地熏蒸。饲养强群，保持蜂多于脾或蜂、脾相称。筑造新脾，更换老脾。

（2）防治。用磷化铝熏蒸消灭蜡螟，先把巢脾分类、清理后，每个继箱放 10 张，箱体相叠，用塑料膜袋套封，每箱体框梁上放一粒（用纸盛放），密闭即可。磷化铝主要用于熏蒸贮藏室中的巢脾，也用于巢蜜脾上蜡螟等害虫的防除，一次用药即可达到消灭害虫的目的。

磷化钙（散剂）也可用来熏蒸巢虫，用法和效果与磷化铝相似。

磷化铝和磷化钙产生的磷化氢对人有毒。被害巢脾，可化蜡处理。

三、胡蜂

胡蜂在我国南方各省，为夏秋季节蜜蜂的主要敌害。

1. 感官诊断

中小体型的胡蜂，常在蜂箱前 1~2 米处盘旋，寻找机会，抓捕进出飞行的蜜蜂；体型大的胡蜂，除了在箱前飞行捕捉蜜蜂外，还能伺机扑向巢门直接咬杀蜜蜂，若有多只胡蜂，还能攻进蜂巢中捕食，迫使中蜂弃巢逃跑。

2. 防治措施

将约 1 克的"毁巢灵"药粉装入带盖的广口瓶内，在蜂场用捕虫网捉住胡蜂后，将其装进瓶中，立即盖上盖，任其振翅敷药粉于身上，几秒钟后打开盖子，放其飞走，归巢后则起到毒杀其他个体的作用。

发现有胡蜂为害时，可用板扑打，寻找其巢穴并捣毁。

四、老鼠

老鼠是蜜蜂越冬季节的重要敌害。在冬季，老鼠咬破箱体或从巢门钻入蜂箱中，一方面取食蜂蜜、花粉，啃咬毁坏巢脾，并在箱中筑巢繁殖，使蜂群饲料短缺，同时啃啮蜜蜂头、胸，把蜜蜂腹部遗留箱底。另一方面，鼠的粪便和尿液的浓烈气味，使蜜蜂骚动不安，离开蜂团而死，严重影响蜂群越冬，同时也污染了蜂箱、蜂具。

1. 感官诊断

在早春或冬季，箱前有头胸不全、足翅分离的碎蜂尸和蜡渣，即可断定是老鼠危害。

2. 防治措施

把蜂箱巢门高做成 7 毫米，能有效地防鼠进箱。在鼠经常出没的地方放置鼠夹、鼠笼等器具逮鼠。市售毒鼠药有灭鼠优、杀鼠灵、杀鼠迷、敌鼠等，按说明书使用，注意安全。

五、其他天敌

蟾蜍俗称癞蛤蟆，属两栖纲蟾蜍科，是蜜蜂夏季的主要敌害之一。每只蟾蜍一晚上能吃掉数十只到 100 只以上的蜜蜂。防治方法是铲除蜂场周围的杂草，垫高蜂箱，黄昏或傍晚到箱前查看，尤其是阴雨天气，用捕虫网逮住蟾蜍，放生野外。

狗熊又名黑瞎子，它能搬走或推翻蜂箱，攫取蜂蜜。预防方法是养狗放哨，放炮撵走。

蜘蛛又名网虫，它不但结网捕捉蜜蜂，而且还在花上狩猎蜜蜂。预防方法是远离老荆条多的地方放蜂。

第四节　蜜蜂的主要毒害防治

蜜蜂毒害有自然和人为因素，可分为农药毒害、兽药毒害、环境毒害、激素毒害和植物毒害 5 种。

一、农药毒害

蜜蜂药物中毒主要是在采集果树和蔬菜等人工种植植物的花

蜜花粉时发生。如我国南方的柑橘、荔枝、龙眼，北方的枣树、杏等，每年都造成大量蜜蜂死亡。另外，我国最主要的蜜源——油菜、枣等，由于催化剂和除草剂的应用，驱避蜜蜂采集，或蜜蜂采集后，造成蜂群停止繁殖，破坏蜜蜂正常的生理机能而发生毒害作用。

（1）感官诊断。农药中毒的主要是外勤蜂。成年工蜂中毒后，在蜂箱前乱飞，追蜇人畜，蜂群很凶。中毒工蜂正在飞行时旋转落地，肢体麻痹，翻滚抽搐，打转、爬行，无力飞翔。最后，两翅张开，腹部勾曲，吻伸出而死，有些死蜂还携带有花粉团；严重时，短时间内在蜂箱前或蜂箱内可见大量的死蜂，全场蜂群都如此，而且群势越强死亡越多。

当外勤蜂中毒较轻而将受农药污染的食物带回蜂巢时，造成部分幼虫中毒而剧烈抽搐并滚出巢房。有一些幼虫能生长羽化，但出房后残翅或无翅，体重变轻。当发现上述现象时，根据对花期特点和种植管理方式的了解，即可判定是农药中毒。

（2）预防措施。养蜂者和种植者密切合作，尽量做到花期不喷药，或在花前预防、花后补治。必须在花期喷药的，优选施药方式，做好隔离工作。

在习惯施药的蜜源场地放蜂，蜂场以距离蜜源 300 米为宜。若花期大面积喷施对蜜蜂高毒的农药，应及时搬走蜂群。如蜂群一时无法搬走，就必须关上巢门，并进行遮盖，保持蜂群环境黑暗，注意通风降温，且最长不超过 2~3 天。对不宜关巢门的蜂群必须在蜂巢门口连续洒水。

（3）急救措施。第一，若只是外勤蜂中毒，及时撤离施药区即可。若有幼虫发生中毒，则须摇出受污染的饲料，清洗受污染的巢脾。第二，给中毒的蜂群饲喂 1∶1 的糖浆或甘草糖浆。对于确知有机磷农药中毒的蜂群，应及时配制 0.1%~0.2% 的解磷定溶液，或用 0.05%~0.1% 的硫酸阿托品喷脾解毒。对有机磷或有机氯农药中毒，也可在 20%的糖水中加入 0.1%食用碱喂蜂解毒。

二、兽药毒害

（1）感官诊断。在使用杀螨剂防治大蜂螨时，用药过量（如绝螨精二号），在施药 2 小时后，幼蜂便从箱中爬出，在箱前乱爬，直到死亡为止。有些螨扑，使幼蜂爬时间达 1 周以上。

在用升华硫沫子脾防治小蜂螨时，若药沫掉进幼虫房内，则引起幼虫中毒死亡。

（2）预防措施。严格按照说明配药，使用定量喷雾器施药（如两罐雾化器）。或先试治几群，按最大的防效、最小的用药量防治蜂病。

三、环境毒害

在工业区（如化工厂、水泥厂、电厂、铝厂、药厂、冶炼厂、砖瓦厂等）附近，烟囱排出的气体中，有些含有氧化铝、二氧化硫、氟化物、砷化物、臭氧、臭氟等有害物质，随着空气（风）漂散并沉积下来。这些有害物质，一方面直接毒害蜜蜂，使蜜蜂死亡或寿命缩短；另一方面它沉积在花上，被蜜蜂采集后影响蜜蜂健康和幼虫的生长发育，还对植物的生长和蜂产品质量形成威胁。

除工业区排出的有害气体外，其排出的污水和城市生活污水也时刻威胁着蜜蜂的安全。污水造成的毒害，近些年来的"爬蜂病"，污水是其主要发病原因之一。荆条花期，水泥厂排出的粉尘是附近蜂群群势下降的原因之一。

毒气中毒以工业区及其排烟的顺（下）风向受害最重，污水中毒以城市周边或城中为甚。

（1）感官诊断。造成蜂巢内有卵无虫、爬蜂，蜜蜂疲惫不堪，群势下降，用药无效。

因污水、毒气造成蜜蜂的中毒现象，雨水多的年份轻，干旱年份重，并受季风的影响，在污染源的下风向受害重，甚至数十千米的地方也难逃其害。只要污染源存在，就会一直对该范围内的蜜蜂造成毒害。

（2）防治措施。发现蜜蜂因有害气体而中毒，首先清除巢内饲料后喂给糖水，然后转移蜂场。

如果是污水中毒，应及时在箱内喂水或巢门喂水，在落场时，做好蜜蜂饮水工作。

由环境污染对蜜蜂造成毒害有时是隐性的，且是不可救药的。因此，选择具有优良环境的场地放蜂，是避免环境毒害的唯一好办法，同时也是生产无公害蜂产品的首要措施。

四、激素毒害

催化剂（生长激素）、坐果素或除草剂中毒，造成蜂群停止繁殖。目前对养蜂生产威胁最大的是赤霉素。农民对枣树花、油菜花喷洒赤霉素。

1. 感官诊断

蜜蜂采集后，便引起幼虫死亡，蜂王停产直至死亡，工蜂寿命缩短，并减少甚至停止采集活动。

2. 预防措施

更换蜂王，离开喷洒此药的蜜源场地。

五、植物毒害

植物毒害包括有害花蜜、花粉、甘露蜜等。有油茶、茶、枣等。

（1）茶花蜜中毒。茶树是我国南方广泛种植的重要经济作物，开花期9—12月，流蜜量较大，花粉丰富且经济价值高，有利于王浆生产。

①感官诊断。幼虫烂子，群势下降。

②防治措施。在茶花期，每隔1~2天给蜂群饲喂1∶1糖水。

（2）油茶花中毒。油茶是我国长江中下游地区以及南方各省种植的重要油料作物。开花期9—11月。

①感官诊断。成年蜂采集花蜜后腹部膨胀，无法飞行，直至死亡；幼虫取食油茶花蜜后表现为烂子。

②防治措施。每天饲喂1∶1糖水，尽早搬撤离油茶场地。

（3）枣花蜜中毒。枣是我国重要果树之一，也是北方夏季主要蜜源植物。5—6月或6—7月开花。泌蜜量大，花粉少。枣花蜜中的K^+、生物碱以及蜂群缺粉、高温和蛋白质食物中含有尘埃是引起蜜蜂中毒、群势下降的原因。

①感官诊断。工蜂腹胀，失去飞翔能力，只能在箱外做跳跃式爬行；死蜂呈伸吻勾腹状，踩上去有轻微的噼啪爆炸声。蜂群群势下降。

②防治措施。放蜂场地要通风，并有树林遮阳。采蜜期间，作好蜂群的防暑降温工作，一早一晚清扫场地并洒水，扩大巢门，蜂场增设饲水器。保持巢内花粉充足，蜂场周围有粉源植物开花，或喂养花粉，可减轻发病。

（4）蜜露蜜中毒。在外界蜜粉源缺乏时，蜜蜂采集某些植物幼叶分泌的甘露或蚜虫、介壳虫分泌的蜜露。

①感官诊断。成年蜂腹部膨大，无力飞翔。拉出消化道，可见蜜囊鼓胀，中肠环纹消失，后肠有黑色积液。严重时幼蜂、幼虫和蜂王也会中毒死亡。

②防治措施。选择蜜源丰富、优良的场地放蜂，保持蜂群食物充足，一旦蜜蜂采集了松柏、黄栌等甘露或蜜露，要及时清理，给蜂群补喂含有复合维生素B或酵母的糖浆，并转移蜂场。

（5）有毒蜜源。我国常见的有毒蜜源植物有：藜芦、苦皮藤、喜树、博落回、曼陀罗、毛茛、乌头、白头翁、羊踯躅、杜鹃等。这些植物的花粉或花蜜含有对蜜蜂有害的生物碱、糖苷、毒蛋白、多肽、胺类、多糖、草酸盐等物质，蜜蜂采集后，受这些毒物的作用而生病。

①感官诊断。因花蜜而中毒的多是采集蜂，中毒初期，蜜蜂兴奋，逐渐进入抑制状态，行动呆滞，身体麻痹，吻伸出；中毒后期，蜜蜂在箱内、场地艰难爬行，直到死亡。因花粉而中毒的多为幼蜂，其腹部膨胀，中、后肠充满黄色花粉糊，并失去飞行能力，落在箱底或爬出箱外死亡。花粉中毒严重时，幼虫滚出巢房而毙命，或烂死在巢房内，虫体呈灰白色。

可鉴定花粉判定是哪种有害植物。

②防治措施。选择没有或少有毒蜜源（2千米内）的场地放蜂，或根据蜜源特点，采取早退场、晚进场、转移蜂场等办法，避开有毒蜜源的毒害。如在秦岭山区狼牙刺场地放蜂，早退场可有效防止蜜蜂苦皮藤中毒。

发现蜜蜂蜜、粉中毒后，首先须及时从发病群中取出花蜜或花粉脾，并喂给酸饲料（如在糖水中加食醋、柠檬酸，或用生姜25克+水500克，煮沸后再加250克白糖喂蜂）。若确定花粉中毒，加强脱粉可减轻症状。其次，如中毒严重，或该场地没有太大价值，应权衡利弊，及时转场。

第七章 蜂产品生产技术

蜂产品是作为食品、保健品甚至药品直接进入市场，并被直接食用，在人们心目中具有崇高的价值，质量、品质和卫生始终贯穿于生产前的准备、生产过程和贮存包装各个环节。生产者必须身体健康，严格遵守相关卫生规定，讲究公德，不使蜂蜜有任何的污染。在生产的当天早上，清扫蜂场并洒水，保持生产场所及周围环境的清洁卫生。用清水冲洗生产工具、盛蜜容器等，晒干备用，必要时使用75%的酒精消毒。生产人员着工作服，戴帽戴口罩，注意个人卫生。

第一节 蜂蜜生产

蜂蜜是蜜蜂采集植物花蜜、甜汁或部分昆虫分泌物，经过充分酿造形成的甜物质。现代养蜂，生产蜂蜜的方法有分离蜜、蜂巢蜜和压榨蜜3种。

一、分离蜂蜜

1. 生产原理

分离蜂蜜是利用分蜜机的离心力，把贮存在巢房里的蜂蜜甩出来，并用容器承接收集。

2. 操作规程

（1）脱落蜜蜂。把附着在蜜脾上的蜜蜂脱离蜜脾，其方法有抖落蜜蜂和吹风机吹落蜜蜂等。

①抖落蜜蜂。人站在蜂箱一侧，打开大盖，把贮蜜继箱搬下，搁置在仰放的箱盖上，并在巢箱上放1个一侧带空脾的继箱；然后推开贮蜜继箱的隔板，腾出空间，两手紧握框耳，依次提出巢脾，对准新放继箱内空处、蜂巢正上方，依靠手腕的力量，上下迅速抖动2~3下，使蜜蜂落下，再用蜂扫扫落巢脾上剩余的蜜蜂［图7-1（a）］。脱蜂后的蜜脾置于搬运箱内，搬到分离蜂蜜的地方。当蜂扫沾蜜发黏时，将其浸入清水中涮干净，水甩净后再用。抖脾脱蜂，要注意保持平稳，不碰撞箱壁和挤压蜜蜂。

（a）　　　　　　　　　　（b）

图7-1　脱蜂

②吹落蜜蜂。将贮蜜继箱置于吹风机的铁架上，使喷嘴朝向蜂路吹风，将蜜蜂吹落到蜂箱的巢门前［图7-1（b）］。

（2）切割蜜盖。左手握着蜜脾的一个框耳，另一个框耳置于井字形木架或其他支撑点上，右手持刀紧贴蜜房盖从下向上顺势徐徐拉动，割去一面房盖，翻转蜜脾再割另一面（图7-2），割完后送入分蜜机里进行分离。为提高切割效率，可采用电热割蜜刀切割，大型养蜂场还用电动割蜜盖机。

图7-2　电热割蜜刀切割蜜房盖

割下的蜜盖和流下的蜂蜜，用干净的容器（盆）承接起来，最后滤出蜡渣，滤下的蜂蜜作蜜蜂饲料或酿造蜜酒、蜜醋。

（3）分离蜂蜜。将割除蜜房盖的蜜脾置于分蜜机的框笼里，转动摇把，由慢到快，再由快到慢，逐渐停转，甩净一面后换面或交叉换脾，再甩净另一面（图7-3）。

遇有贮蜜多的新脾，先分离出一面的一半蜂蜜，甩净另一面后，再甩净初始的一面。在摇蜜时，放脾提脾要保持垂直平行，避免损坏巢房；摇蜜的速度以甩净蜂蜜而不甩动虫蛹为准。

大型蜂场设置有取蜜车间或流动取蜜车，配备辐射式自动蜂蜜分离机等，用于提高劳动效率。在分离蜂蜜过程中，分蜜机的转速随着巢脾上蜂蜜被甩出从低速而逐渐加快，并以250~350转/分的速度将巢脾中残留的蜂蜜分离出来。

（4）归还巢脾。取完蜂蜜的巢脾，清除蜡瘤、削平巢房口后，立即返还蜂群。

图7-3　分离蜂蜜——手工摇蜜和过滤

采收平箱群的蜂蜜，首先要把该取的巢脾提到运转箱内，把有王脾和余下的巢脾按管理要求放好，再抖"蜜脾"上的蜜蜂于巢箱中，随抖蜂随取蜜、还脾。

3. 贮存方法

分离出的蜂蜜，及时撇开上浮的泡沫和杂质，并用80#或100#无毒滤网过滤，再装入专用包装桶内，每桶盛装75千克或100千克，贴上标签，注明蜂蜜的品种、浓度、生产日期、生产者、生产地点和生产蜂场等，最后封紧桶口，贮存于通风、干燥、清洁的仓库中，按品种、浓度进行分等、分级，分别堆放、码好，不露天存放。在运输时，将蜜桶叠好、捆牢，尽量避免日晒雨淋，缩短运输时间。

4. 高产优质措施

选择蜜源丰富、环境良好的地方放蜂，饲养强群，继箱采蜜贮蜜；主要蜜源泌蜜开始清净蜂集中原有蜂蜜，单独存放。在花期即将结束或巢内出现巢白（巢房加高现象）、贮蜜房有1/3封盖时，于6:00~10:00取蜜，新取蜂蜜浓度不低于40.5波美度。植物花期不施药，生产期开始前30天对蜂群停用药。不用老脾

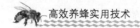

取蜜，防扬尘与飞虫，远离空气、水源污染的地方放蜂，不使幼虫体液混入蜂蜜，不用水洗割蜜刀。

根据具体情况，新王强群采蜜，适时控制繁殖。

二、生产巢蜜

蜜蜂把花蜜酿造成熟贮满蜜房、泌蜡封盖，并直接作为商品被人食用的叫巢蜜。

1. 生产原理

蜜蜂把花蜜贮藏在巢穴上部的巢房中，经过充分酿造，贮满蜜房后即泌蜡封盖，根据蜜蜂酿造蜂蜜的特点和人的消费需要，制造各种规格的巢蜜格（盒），引导蜜蜂在其上造脾贮蜜，直至封盖，然后包装待售。

2. 操作规程

（1）组装巢蜜框。巢蜜框架大小与巢蜜盒（格）配套，四角有钉子，高约 6 毫米。先将巢蜜框架平置在桌上，把巢蜜盒每两个盒底上下反向摆在巢框内，再用 24 号铁丝沿巢蜜盒间缝隙竖捆两道，等待涂蜡。

（2）镶础或涂蜡。

①盒底涂蜡。首先将纯净的蜜盖蜡加开水熔化，然后把盒子础板在被水熔化的蜂蜡里蘸一下，再放到巢蜜盒内按一下，整框巢蜜盒就涂好蜂蜡备用。为了生产的需要，涂蜡尽量薄少。

②格内镶础。先把巢蜜格套在格子础板上，再把切好的巢础置于巢蜜格中，用熔化的蜡液沿巢蜜格巢础座线将巢础粘固，或用巢蜜础轮沿巢础边缘与巢蜜格巢础座线滚动，使巢础与座线粘合。

巢蜜础板比巢蜜盒或格的处围尺寸略小，高约 18 毫米，包上绒布即是盒子巢蜜础板，反之，则为巢蜜格础板。

（3）修筑巢蜜房。利用生产前期蜜源修筑巢蜜脾，3~4 天即可造好巢房。在巢箱上一次加两层巢蜜继箱，每层放 3 个巢蜜框架，上下相对，与封盖子脾相间放置，巢箱里放 6~7 张巢脾（图 7-4）。也可用十框标准继箱，将巢蜜盒、格组放在特制的巢蜜格框内。

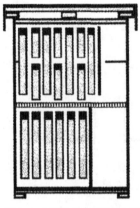

图 7-4 巢蜜格与子脾排列

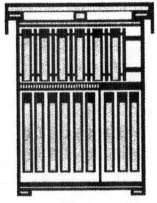

图 7-5 巢蜜生产群的蜂巢

（4）组织生产群。单王生产群，在主要蜜源植物泌蜜开始的第二天调整蜂群，把继箱撤走，巢箱脾数压缩到 6~7 框，蜜粉脾提出（视具体情况调到副群或分离蜜生产群中），巢箱内子脾按正常管理排列后，针对蜂箱内剩余空间用闸板分开，采用二、七分区管理法，小区做交配群（图 7-5）。巢箱调整完毕，在其上加平面隔王板，隔王板上面放巢蜜箱。巢蜜箱中的巢蜜盒（格）框，蜂多群势好的多加，蜂少群势弱的少加，以蜂多于脾为宜。

（5）管理生产群。

①叠加继箱。组织生产蜂群时加第一继箱，箱内加入巢蜜框后，应达到蜂略多于脾；待第一个继箱贮蜜 60% 时，蜜源仍处于流蜜盛期，及时在第一个继箱上加第二个继箱，同时把第一个继

箱前、后调头；当第一个继箱的巢蜜房已封盖80%，将第一个巢蜜继箱与第二个调头后的继箱互换位置（图7-6）；若蜜源丰富，第二个继箱贮蜜已达70%，则可考虑加第三继箱，第三继箱直接放在前两个继箱上面。第一个继箱的巢蜜房完全封盖时，及时撤下。

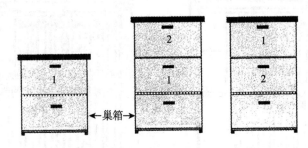

1. 第一继箱；2. 第二继箱

图7-6 巢蜜继箱垒加顺序

②控制分蜂。生产巢蜜的蜂群须应用优良新王，及时更换老劣蜂王；加强遮阳通风；积极进行王浆生产。

③控制蜂路。采用10框标准继箱生产整脾巢蜜时，蜂路控制在5~6毫米为宜；采用10框浅继箱生产巢蜜时，蜂路控制在7~8毫米为佳。

控制蜂路的方法：在每个巢蜜框（或巢蜜格支撑架）和小隔板的一面四个角部位钉4个小钉子，每个钉头距巢框5~6毫米。相间安放巢框和隔板时，有钉的一面朝向箱壁，依次排列靠紧，最后用两根等长的木棒（或弹簧）在前后两头顶住最外侧隔板，另一头顶住箱壁，挤紧巢框，使之竖直、不偏不斜，蜂路一致。

④促进封盖。当主要蜜源即将结束，蜜房尚未贮满蜂蜜或尚未完全封盖时，须及时用同一品种的蜂蜜强化饲喂。没有贮满蜜的蜂群喂量要足，若蜜房已贮满等待封盖，可在每天晚上酌情饲

喂。饲喂期间揭开覆布，以加强通风、排出湿气。

⑤预防盗蜂。为被盗蜂群做一个长宽各 1 米、高 2 米，四周用尼龙纱围着的活动纱房，罩住被盗蜂群。被盗不重时，只罩蜂箱不罩巢门；被盗严重时，蜂箱、巢门一起罩上，开天窗让蜜蜂进出，待盗蜂离去、蜂群稳定后再搬走纱房。而利用透明无色塑料布罩住被盗蜂群，亦可达到撞击、恐吓直至制止盗蜂的目的。在生产巢蜜期间，各箱体不得前后错开来增加空气流通。

（6）采收与包装。

①采收。巢蜜盒（格）贮满蜂蜜并全部封盖后，把巢蜜继箱从蜂箱上卸下来，放在其他空箱（或支撑架）上，用吹风机吹出蜜蜂。

②灭虫。用含量为 56% 的磷化铝片剂对巢蜜薰蒸，在相叠密闭的继箱内按 20 张巢蜜脾放 1 片药，进行熏杀，15 天后可彻底杀灭蜡螟的卵、虫。

③修正。将灭过虫的巢蜜脾从继箱中提出，解开铁丝，用力推出巢蜜盒（格），然后用不锈钢刀逐个清理巢蜜盒（格）边沿和四角上的蜂胶、蜂蜡及污迹，对刮不掉的蜂胶等，用棉纱浸酒精擦拭干净，再盖上盒盖或在巢蜜格外套上盒子（图 7-7）。

④包装。如果生产的是整脾巢蜜，则须经过裁切和清除边沿蜂蜜后进行包装。

3. 贮存方法

根据巢蜜的平整与否、封盖颜色、花粉房的有无、重量等进行分级和分类，剔除不合格产品，然后装箱，在每两层巢蜜盒之间放 1 张纸，防止盒盖的磨损，再用胶带纸封严纸箱，最后把整箱巢蜜送到通风、干燥、清洁的仓库中保存，温度在 20℃ 以下为宜。若长久保存，室内相对湿度应保持在 50%～75%。按品种、等级、类型分垛码放，纸箱上标明防晒、防雨、防火、轻放等标志。

图7-7 格子巢蜜的盒子

在运输巢蜜过程中，要尽力减少震动、碰撞，要苫好、垫好，避免日晒雨淋，防止高温，尽量缩短运输时间。

4. 高产优质措施

新王、强群和蜜源充足是提高巢蜜产量的基础，选育产卵多、进蜜快、封盖好、抗病强、不分蜂的蜂群（如用东北黑蜂为母本、黄色意蜂作父本的单交或双交蜂种）连续生产，可加快生产速度，安排2/3的蜂群生产巢蜜，1/3的蜂群生产分离蜜，在流蜜期集中生产，流蜜后期或流蜜结束，集中及时喂蜜。

在生产巢蜜的过程中，严格按操作、食品卫生要求、巢蜜质量标准进行。坚持用浅继箱生产，严格控制蜂路大小和巢蜜框竖直。防止污染，不用病群生产巢蜜。饲喂的蜂蜜必须是纯净、符合卫生标准的同品种蜂蜜，不得掺入其他品种的蜂蜜或异物，生产饲喂工具无毒，用于灭虫的药物或试剂不得过量，避免对巢蜜外观、气味等造成污染。在巢蜜生产期间，不允许给蜂群喂药，防止抗菌素污染。

第二节　蜂王浆生产

蜂王浆是工蜂王浆腺和上颚腺分泌的混合物，用于饲喂蜜蜂幼虫和蜂王的食物。生产蜂王浆在晴暖无风的天气进行，场所清洁卫生，气温 20~30℃、相对湿度 75%~80%。如果空气干燥，可在地面洒温水。移虫时须避免阳光直射幼虫。

一、计量蜂王浆的生产

1. 生产原理

模拟蜂群培育蜂王的特点，然后仿造和引诱蜜蜂分泌蜂王浆。

蜂群长大后，就计划分家，在分家之前，于脾下缘建造王台，蜂王在王台中产卵，年轻工蜂向王台中分泌大量的蜂王浆喂幼虫；如果蜂群中没有蜂王，也没有王台，工蜂就将有 3 日龄内小幼虫的工蜂房改造成王台，并喂给大量的蜂王浆，培养这条小幼虫长成蜂王（图 7-8）。

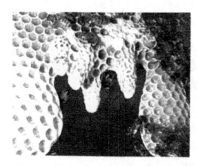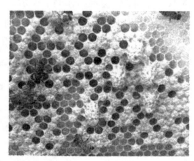

图 7-8　蜂群培养蜂王的特点

根据上述现象，人们模拟自然王台制作人工王台基——蜡碗或塑料台基（条），把3日龄内的工蜂小幼虫移入人工王台基内，置于蜂群中，同时通过适当的管理措施使蜂群产生育王欲望，引诱工蜂分泌蜂王浆来喂幼虫，经过一定时间，待王台内积累蜂王浆量最多时，取出，捡拾幼虫，把蜂王浆挖（吸）出来，贮存在容器中，这就是计量蜂王浆的生产原理。

2. 操作规程

（1）安装浆框。用蜡碗生产的，首先黏装蜡台基，每条20~30个。用塑料台基生产的，每框装4~10条，用金属丝将其捆绑在浆框条上即可。蜡碗可使用6~7批次，塑料台基用几次后，应清理浆垢和残蜡1次，清水冲洗后再继续使用。

（2）亲台。将安装好的浆框插入产浆群中，让工蜂修理2~3小时，即可取出移虫。掉的台基补上，啃坏的台基换掉。凡是第一次使用的塑料台基，须置于产浆群中修理12~24小时，正式移虫前，在每个台基内点上新鲜蜂王浆，可提高接受率。

（3）移虫。从供虫群中提出虫脾，左手提握框耳，轻轻抖动，使蜜蜂跌落箱中，再用蜂扫扫落余蜂于巢门前。虫脾平放在承脾木盒中，使光线照到脾面上，再将育王框（或王台基条）置其上，转动待移虫的台基条，使台基口向上外斜。

选择巢房底部王浆充足、有光泽、孵化约24小时的工蜂幼虫，将移虫针的舌端沿巢房壁插入房底，从王浆底部越过幼虫，顺房口提出移虫针，带回幼虫，将移虫针端部送至台基底部，推动推杆，移虫舌将幼虫推向台基的底部，退出移虫针。

移虫时不挤碰幼虫，做到轻、快、稳、准，操作熟练，不伤幼虫和防止幼虫移位，速度3~5分钟移100条左右。

（4）插框。移好1框，将王台口朝下放置，及时加入生产群生产区中，引诱工蜂泌浆喂虫。暂时置于继箱的，上放湿毛巾覆盖，待满箱后同时放框；或将台基条竖立于桶中，上覆湿毛巾，集中装框，在下午或傍晚插入最适宜。

（5）补虫。移虫2~3小时后，提出浆框进行检查，凡台中不见幼虫的（蜜蜂不护台）均需补移，使接受率达到90%左右。补虫时可在未接受的台基内点一点鲜蜂王浆再移虫。

（6）收框。移虫62~72小时，在下午1时至3时提出采浆框，捏住浆框一端框耳轻轻抖动，把上面的蜜蜂抖落于原处，用清洁的蜂刷拂落余蜂。

收框时观察王台接受率、王台颜色和蜂王浆是否丰盈，如果王台内蜂王浆充足，可再加1条台基，反之，可减去1条台基。同时在箱盖上做上记号，比如写上"6条""10条"等字样，在下浆框时不致失误。

（7）削平房壁。用喷雾器从上框梁斜向下对王台喷洒少许冷水（勿对王台口），用割蜜刀削去王台顶端加高的房壁，或者顺塑料台基口割除加高部分的房壁，留下长约10毫米有幼虫和蜂王浆的基部，勿割破幼虫。

（8）捡虫。削平王台后，立即用镊子夹住幼虫的上部表皮，将其拉出，放入容器，注意不要夹破幼虫，也不要漏捡幼虫。

（9）挖浆。用挖浆铲顺房壁插入台底，稍旋转后提起，把蜂王浆刮带出台，然后刮入蜂王浆瓶（壶）内（瓶口可系1线，利于刮落），并重复一遍刮尽（图7-9）。

至此，生产蜂王浆的一个流程完成，历时2~3天，但蜂王浆的生产由前一批结束开始第二批的生产，取浆后尽可能快地把幼虫移入刚挖过浆还未干燥的前批台基内，前批不被接受的蜡碗割去，在此位置补1个已接受的老蜡碗。如人员富足，应分批提浆框→分批取王浆→分批移幼虫→随时下浆框，循环生产。

3. 蜂群管理

包括组织生产群和供虫群，管理生产群等。

（1）组织生产群。

①大群产浆。春季提早繁殖，群势平箱达到9~10框，工蜂

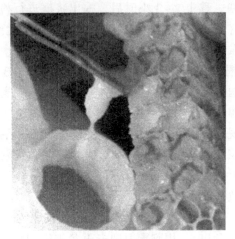

图7-9　挖浆

满出箱外，蜂多于脾时，即加上继箱，巢、继箱之间加隔王板，巢箱繁殖，继箱生产。

选产卵力旺盛的新王导入产浆群，维持强群群势 11～13 脾蜂，使之长期稳定在 8～10 张子脾，两张蜜脾，1 张专供补饲的花粉脾（大流蜜后群内花粉缺乏时须迅速补足），巢脾布置巢箱为 7 脾，继箱 4～6 脾。这种组织生产群的方式适宜小转地、定地饲养。春季油菜大流蜜期用 10 条 33 孔大型台基条取浆，夏秋用 6～8 条台基条取浆。

②小群产浆。平箱群蜂箱中间用立式隔王板隔开，分为产卵区和产浆区，两区各 4 脾，产卵区用 1 块隔板，产浆区不用隔板。浆框放产浆区中间，两边各两脾。流蜜期，产浆区全用蜜脾，产卵区放 4 张脾供产卵；无蜜期，蜂王在产浆区和产卵区 10 天一换，这样 8 框全是子脾。

（2）组织供虫群。

①选择虫龄。主要蜜源花期，选移 15～20 小时龄的幼虫；

在蜜、粉源缺乏时期则选移 24 小时龄的幼虫，同一浆框移的虫
龄大小一定要均匀。

②虫群数量。早春将双王群繁殖成强群后，在拆除部分双王
群时，组织双王小群——供虫群。供虫群占产浆群数量的 12%，
例如，一个有产浆群 100 群的蜂场，可组织双王群 12 箱，共 24
只蜂王产卵，分成 A、B、C、D 4 组，每组 3 群，每天确保 6 脾
适龄幼虫供移虫专用。

③组织方法。在组织供虫群时，双王各提入 1 框大面积正出
房子脾放在闸板两侧，出房蜜蜂维持群势。A、B、C、D 4 组分
4 天依次加脾，每组有 6 只蜂王产卵，就分别加 6 框老空脾，老
脾色深、房底圆，便于快速移虫。

④调用虫脾。向供虫群加脾供蜂王产卵和提出幼虫脾供移虫
的间隔时间为 4 天，4 组供虫群循环加脾和供虫，加脾和用脾顺
序见表 7-1。

表 7-1　专用供虫群加脾和用脾顺序　　　　　　　单位：天

组别	加空脾供产卵	提出移虫	加空脾供产卵	调出备用	提出移虫	加空脾供产卵	调出备用
A	1_{P1}	5_{P1}	5_{P2}	6_{P1}	9_{P2}	9_{P3}	10_{P2}
B	2_{P1}	6_{P1}	6_{P2}	7_{P1}	10_{P2}	10_{P3}	11_{P2}
C	3_{P1}	7_{P1}	7_{P2}	8_{P1}	11_{P2}	11_{P3}	12_{P2}
D	4_{P1}	8_{P1}	8_{P2}	9_{P1}	12_{P2}	12_{P3}	13_{P2}

注：P1、P2……分别为第一次加的脾、第二次加的脾……

移虫后的巢脾返还蜂群，待第二天调出作为备用虫脾。移虫
结束，若巢脾充足，备用虫脾即调到大群，否则，用水冲洗大小
幼虫及卵，重新作为空脾使用。

春季气温较低时空脾应在提出虫脾的当天 17：00 加入，夏天
气温较高时空脾应在次日 7：00 加入。若是冷脾，应在还虫脾的

当天加在隔板外让工蜂整理一夜，到次日 7:00 移到隔板里边第二框位置，也就是中间位置，让蜂王产卵。

⑤维持群势。长期使用供虫群，按期调入子脾，撤出空脾。专业生产蜂王浆的养蜂场，应组织大群数 10% 的交配群，既培育蜂王又可与大群进行子、蜂双向调节，不换王时用交配群中的卵或幼虫脾不断调入大群哺养，快速发展大群群势。

⑥小蜂场组织供虫群。选择双王群，将一侧蜂王和适宜产卵的黄褐色巢脾（育过几代虫的）一同放入蜂王产卵控制器，蜂王被控制在空脾上产卵 2~3 天，第 4 天后即可取用适龄幼虫，并同时补加空脾，一段时间后，被控的蜂王与另一侧的蜂王轮流产适龄幼虫。

（3）管理生产群。

①双王繁殖，单王产浆。秋末用同龄蜂王组成双王群，繁殖适龄健康的越冬蜂，为来年快速春繁打好基础。双王春繁的速度比单王快，加上继箱后采用单王群生产。

②换王选王，保持产量。蜂王年年更新，新王导入大群，50~60 天后鉴定其蜂王浆生产能力，将产量低的蜂王迅速淘汰再换上新王。

③调整子脾，大群产浆。春秋季节气温较低时提两框新封盖子脾保护浆框，夏天气温高时提上 1 框脾即可。10 天左右子脾出房后再从巢箱调上新封盖子脾，出房脾返还巢箱以供产卵。

④维持蜜、粉充足，保持蜂多于脾。在主要蜜粉源花期，养蜂场应抓住时机大量繁蜂。无天然蜜粉源时期，群内缺粉少糖，要及时补足，最好喂天然花粉，也可用黄豆粉配制粉脾饲喂。方法是：黄豆粉、蜂蜜、蔗糖按 10：6：3 重量配制。先将黄豆炒至九成熟，用 0.5 毫米筛的磨粉机磨粉，按上述比例先加蜂蜜拌匀，将湿粉从孔径 3 毫米的筛上通过，形如花粉粒，再加蔗糖粉（1 毫米筛的磨粉机磨成粉）充分拌匀灌脾，灌满巢房后用蜂蜜

淋透，以便工蜂加工捣实，不变质。粉脾放置在紧邻浆框的一侧，这样，浆框一侧为新封盖子脾，另一侧为粉脾，5~7天重新灌粉1次。在蜂稀不适宜加脾时，也可将花粉饼（按上述比例配制，捏成团）放在框梁上饲喂。群内缺糖时，应在夜间用糖浆奖饲，确保哺育蜂的营养供给。

定地和小转地的蜂场，在产浆群贮蜜充足的情况下，做到糖浆"二头喂"，即浆框插下去当晚喂1次，以提高王台接受率；取浆的前一晚喂1次，以提高蜂王浆产量。大转地产浆蜂场要注意蜜不能摇得太空，转场时群内蜜要留足，以防到下个场地时天下雨或者不流蜜，造成蜂群拖子，蜂王浆产量大跌。

⑤控制蜂巢温、湿度。蜂巢中产浆区的适宜温度是35℃左右，相对湿度75%左右。气温高于35℃时，蜂箱应放在阴凉地方或在蜂箱上空架起凉棚，注意通风，必要时可在箱盖外浇水降温，最好是在副盖上放一块湿毛巾。

⑥蜂蜜和王浆分开生产。生产蜂蜜时间宜在移虫后的次日进行，或上午取蜜、下午采浆。

⑦分批生产。备4批台基条，第四批台基条在第一批产浆群下浆框后的第三天上午用来移虫，下午抽出第一批浆框时，立即将第四批移好虫的浆框插入，达到连续产浆。第一批的浆框可在当天下午或傍晚取浆，也可在第二天早上取浆，取浆后上午移好虫，下午把第二批浆框抽出时，立即把这第一批移好虫的浆框插入第二批产浆群中，如此循环，周而复始。

4. 贮藏方法

生产出的蜂王浆及时用60目或80目滤网，经过离心或加压过滤（养蜂场或收购单位严禁在久放或冷藏（冻）后过滤，防止10-HDA的流失），按0.5千克、1千克和6千克分装入专用瓶或壶内并密封，存放在-15~-25℃的冷库或冰柜中贮藏。

蜂场野外生产，应在篷内挖 1 米深的地窖临时保存，上盖湿毛巾，并尽早交售。

5. 高产优质措施

（1）选用良种。中华蜜蜂泌浆量少，黄色意蜂泌浆量多。选择蜂王浆高产和 10-HDA 含量高的种群，培育产浆蜂群的蜂王。引进王浆高产蜂种，然后进行育王，选育出适合本地区的蜂王浆高产品种。

（2）强群生产。产浆群应常年维持 12 框蜂以上的群势，巢箱 7 脾，继箱 5 脾，长期保持 7~8 框四方形子脾（巢箱 7 脾，继箱 1 脾）。

（3）下午取浆。下午取浆比上午取浆产量约高 20%。

（4）选择浆条。根据技术、蜂种和蜜源，选择圆柱形有色（如黑色、蓝色、深绿色等）台基条和适时增加或减少王台数量。一般 12 框蜂用王台 100 个左右，强群 1 框蜂放台数 8~10 个。外界蜜粉不足，蜂群群势弱，应减少放台数量，防止 10-HDA 含量的下降，王台数量与蜂王浆总产量呈正相关，而与每个王台的蜂王浆量和 10-HDA 含量成负相关。

（5）长期产浆、连续取浆。早春提前繁殖，使蜂群及早投入生产。在蜜源丰富季节抓紧生产，在有辅助蜜源的情况下坚持生产，在蜜源缺乏但天气允许的情况下，视投入产出比，如果有利，喂蜜喂粉不间断生产，喂蜜喂粉要充足。

（6）虫龄适中、虫数充足。利用副群或双王群，建立供虫群，适时培育适龄幼虫。48 小时取浆，移 48 小时龄的幼虫；62 小时取浆，移 36 小时龄的幼虫；72 小时取浆，移 24 小时龄内的幼虫。适时取浆，有助于防止蜂王浆老化或水分过大。

（7）饲料充足。选择蜜粉丰富、优良的蜜源场地放蜂，蜜粉缺乏季节，浆框放幼虫脾和蜜粉脾之间，在放入浆框的当晚和取浆的前 1 天傍晚奖励饲喂，保持蜂王浆生产群的饲料充足。对蜂群进行奖励时禁用添加剂饲料，以免影响蜂王浆的色泽和品质。

（8）加强管理，防暑降温。外界气温较高时浆框可放边两脾的位置，较低时应放中间位置。

（9）蜂群健康，防止污染。生产蜂群须健康无病，整个生产期和生产前1个月不用抗菌素等药物杀虫治病。捡虫时要捡净割破的幼虫，要把该台的蜂王浆移出另存或舍弃。

（10）保证卫生。严格遵守生产操作规程，生产场所要清洁，空气流通，所有生产用具应用75%的酒精消毒，生产人员身体健康，注意个人卫生，工作时戴口罩，着工作服、帽。取浆时不得将挖浆工具和移虫针插入其他物品中，盛浆容器务必消毒、洗净和晾干，整个生产过程尽可能在室内进行，禁止无关的物品与蜂王浆接触。

二、计数蜂王浆的生产

1. 生产原理

蜂王浆在销售、保存和使用时，均以1个王台为基本单位进行，即将装满蜂王浆的王台从蜂群提出，捡净幼虫，立即消毒、装盒贮存，或者从蜂群中取出王台，连幼虫带王台，经消毒处理后装盒冷冻保存。

2. 操作规程

（1）组装王台绑浆框。将单个王台推进王台条座的卡槽内，12个王台组成1个王台条，浆框的每一个框梁上捆绑两条王台条，再把每条王台条用橡皮圈固定在浆框的框梁上。根据王台条的长短，在浆框木梁两端及中间各钉1个小钉，钉头距木框3毫米，用橡皮圈绕木梁一周后捆住王台条，然后挂在小钉3毫米的钉头上。

（2）插浆框诱蜂泌浆。将移好虫的浆框及时插入产浆群，初次插框产浆时，首先要提前1~2小时将产浆群中的虫脾和蜜粉脾移位，使之相距30毫米，插框时徐徐放下，不扰乱蜂群的正常秩序。在插浆框的同时插入待修王台的浆框。

一般情况下，蜂群达到8~9框蜂的可插入有72个王台的浆框；达到12框蜂的可插入有96个王台的浆框；达到14框蜂以上的可插入有144个王台的浆框，或隔日错开再插入96个王台的浆框，保持一个大群有2个浆框。但在蜜源、蜂群不太好的情况下，即使插入1个浆框也要酌情减少王台数量，首先减去上面的1条，后减下面的1条，留中间2条，这样王台条刚好在蜂多的位置，以便工蜂泌浆育虫和保温。

（3）及时补虫或换台。补虫方法同计量蜂王浆的生产。此外，还可把已接受幼虫的王台集中一框继续生产，没接受幼虫的王台重新组框移虫再生产。

（4）收浆装盒换次品。收取时间一般在移虫后60~70小时（2.5~3天），边收浆框边在原位置放进移好虫的浆框，或把前1天放入的浆框移到该位置，并加入待修台的浆框，以节约时间，并减少开箱次数。将附着在浆框上的蜜蜂轻轻抖落在蜂箱内，再用清洁的蜂扫拂去余蜂，或用吹蜂机吹落蜜蜂，勿将异物吹进王台中。

从浆框梁上解开橡皮圈，卸下王台条，用镊子小心捡拾幼虫，注意不能使王台口变形，一旦变形要修整如初，否则，应与不足0.5克的王台一同换掉，使整条王台内的蜂王浆一致，上口高度和色泽一样，另外还要注意蜂王浆状态不被破坏。

取出的王台蜂王浆经清污消毒后，将王台条推进王台盒底的插座内，放两支取浆勺，盖上盒盖。

3. 蜂群管理

用隔王板把生产群的蜂巢隔为生产区和繁殖区，产浆区将小幼虫脾放中间，粉脾放两侧，往外是新封盖蛹脾和蜜脾，浆框插在幼虫脾和粉蜜脾之间。生产一段时间后，蜜蜂形成条件反射，就可以不提小虫脾放继箱，巢脾的排列则为蜜粉脾在两边，浆框两侧放新封盖蛹脾，每6天（两个产浆期）调整1次蜂群。从巢箱内或其他蜂群中，给产浆区调入幼虫脾或新封盖子脾，促使更多哺育蜂在此处集结泌浆育虫。在生产期，浆框两侧不少于1张封盖蛹脾。

保持蜂多于脾，饲料充足，视群势强弱增减王台数量。

4. 贮藏方法

浆框提出蜂箱后，取虫、清污、消毒、装盒和速冻以最快的速度进行，忌高温和暴露时间过长。盒子透明，不能磨损和碰撞，盒与盒之间由瓦楞纸相隔，置于专用泡沫箱内，送冷库冷冻存放。

5. 高产优质措施

选育王浆高产蜂种，保持食物充足，坚持调脾连产。每个王台内蜂王浆含量不少于0.5克，王台口蜡质洁白或微黄，高低一致，无变形、无损坏；王台内的幼虫要求取出的，应全部捡净，并保持蜂王浆状态不变。

第三节　蜂花粉生产

蜂花粉生产包括蜂花粉的收集和蜂粮的获得。在粉源丰富的季节，有5脾蜂的蜂群就可以投入生产，单王群8~9框蜂生产蜂花粉较适宜，双王群脱粉产量高而稳产。

一、蜂花粉的收集

1. 生产原理

蜜蜂采集植物的花粉，并在后足花粉篮中堆积成团带回蜂巢，在通过巢门设置的脱粉孔时其后足携带的两团花粉就被截留下来，待接粉盒积累到一定数量蜂花粉后，集中收集晾（烘）干。

2. 操作规程

(1) 安装脱粉器。先把蜂箱垫成前低后高，取下巢门挡，清理、冲洗巢门及其周围的箱壁（板）；然后，把脱粉器紧靠蜂箱前壁巢门放置，堵住蜜蜂通往巢外除脱粉孔以外的所有空隙，并与箱底垂直。

(2) 安装集粉盒。在脱粉器下安置簸箕形塑料集粉盒（或以覆布代替），脱下的花粉团自动滚落盒内，积累到一定量时，及时倒出。

(3) 干燥蜂花粉。晾晒在无毒干净的塑料布或竹席上，花粉要均匀摊开，厚度约10毫米为宜，并在蜂花粉上覆盖一层绵纱布。晾晒初期少翻动，如有疙瘩时，2小时后用薄木片轻轻拨开。

尽可能一次晾干，干的程度以手握一把花粉听到唰唰的响声为宜。若当天晾不干，应装入无毒塑料袋内，第二天继续晾晒或作其他干燥处理。对莲花粉，3小时左右须晾干。不得在沥青、油布（毡）上晾晒花粉，以免变黑和沾染毒物。

恒温箱干燥箱中干燥的方法是：把花粉放在烘箱托盘的衬纸上或托盘的棉纱布上，接通电源，调节烘箱温度至45℃，8小时左右即可收取保存。

(4) 时间的安排。一个花期，应从蜂群进粉略有盈余时开始脱粉，而在大流蜜开始时结束，或改脱粉为抽粉脾。一天当中，山西省大同地区的油菜花期、太行山区的野皂荚蜜源在7:00~14:00时脱粉，有些蜜源花期可全天脱粉（在湿度大、粉足、流蜜差的情况下），有些只能在较短时间内脱粉，如玉米和莲花粉，只有在早上7:00~10:00时才能生产到较多的花粉。在一个花期内，如果蜜、浆、粉兼收，脱粉应在9:00以前进行，下午生产蜂王浆，两者之间生产蜂蜜。当主要蜜源大泌蜜开始，要取下脱粉器，集中力量生产蜂蜜。

3. 蜂群管理

（1）选择脱粉工具。10 框以下的蜂群选用两排的脱粉器，10 框以上的蜂群选用 3 排及以上的脱粉器。西方蜜蜂一般选用 4.8~4.9 毫米孔径的脱粉器，4.6~4.7 毫米孔径的适用于中蜂脱粉。山西省大同地区的油菜花期、内蒙古的葵花期、驻马店的芝麻花期和南方茶叶花期使用 4.8 毫米、4.9 毫米的脱粉器；4.9 毫米孔径的适用于低温、高湿和花粉团大的蜜粉源花期生产蜂花粉，如四川的蚕豆和板栗花期。

（2）组织脱粉蜂群，优化群势。在生产花粉 15 天前或进入粉源场地后，有计划地从强群中抽出部分带幼蜂的封盖子脾补助弱群，使之在粉源植物开花时达到 8~9 框的群势，或组成 10~12 框蜂的双王群，增加生产群数。

（3）蜂王管理。使用良种、新王生产，在生产过程中不换王、不治螨、不介绍王台，这些工作要在脱粉前完成。同时要少检查、少惊动。

（4）选择巢门方向。春天巢向南，夏、秋面向东北方向，巢口不对着风口，避免阳光直射。

（5）加强繁殖，协调发展。在开始生产花粉前 45 天至花期结束前 30 天有计划地培育适龄采集蜂，做到蜂群中卵、虫、蛹、蜂的比例正常，幼虫发育良好。

（6）蜂数足。群势平箱 8~9 框，继箱 12 框左右，蜂和脾的比例相当或蜂略多于脾。

（7）饲料够。蜂巢内花粉够吃不节余，或保持花粉略多于消耗。无蜜源时先喂好底糖（饲料），有蜜采进但不够当日用时，每天晚上喂，达到第二天糖蜜的消耗量，以促进繁殖和使更多的蜜蜂投入到采粉工作中去，特别是干旱天气更应每晚饲喂。

在生产初期，将蜂群内多余的粉脾抽出妥善保存；在流蜜较好进行蜂蜜生产时，应有计划地分批分次取蜜，给蜂群留足糖饲料，以利蜂群繁殖。

（8）连续脱粉，雨后及时脱粉。

（9）防止热伤，防止偏集。脱粉过程中若发现蜜蜂爬在蜂箱前壁不进巢、怠工，巢门堵塞，应及时揭开覆布、掀起大盖或暂时拿掉脱粉器，以利通风透气，积极降温，查明原因及时解决。气温在34℃以上时应停止脱粉。

若对全场蜂群同时脱粉，同一排的蜂箱应同时安装或取下脱粉器，防止蜜蜂钻进他箱。

4. 贮存方法

干燥后的花粉用双层无毒塑料袋密封后外套编织袋包装，每袋40千克，密封，在交售前不得反复晾晒和倒腾。莲花粉须在塑料桶、箱中保存，内加塑料袋。此外，工厂或公司可用铝箔复合袋抽气充氮包装。在通风、干燥和阴凉的地方暂时贮存，在-5℃以下的库房中可长期贮放，并做好上述工作。

5. 高产优质措施

（1）防污染和毒害。生产蜂花粉的场地要求植被丰富、空气清新、无飞沙与扬尘；周边环境卫生，无苍蝇等飞虫；远离化工厂、粉尘厂；避开有毒有害蜜源。

（2）生产蜂群健康。不用病群生产，生产前冲涮箱壁，脱粉中不治螨，不使用升华硫。若粉源植物施药或刮风天气，应停止生产。晾晒花粉须罩纱网或覆盖纱布，防止飞虫光顾。

（3）粉源植物优良。一群蜂应有油菜3～4亩、玉米5～6亩、向日葵5～6亩、荞麦3～4亩供采集，五味子、杏树花、莲藕花、茶叶花、芝麻花、栾树花、虞美人、党参花、西瓜花、板栗花、野菊花和野皂荚等蜜源花期，都可以生产蜂花粉。

（4）防混杂和破碎。集粉盒面积要大，当盒内积有一定量的花粉时要及时倒出晾干，以免压成饼状。

在采杂粉多的时间段内和采杂粉多的蜂群，所生产的花粉要与纯度高的花粉分批收集，分开晾晒，互不混合（图7-10）。

图7-10　五味子花粉

二、蜂粮的获得

蜂粮由工蜂采集花粉经过唾液、乳酸菌等酿造贮藏在巢房中的固体物质，为蜜蜂的蛋白质食物。蜂粮的质量稳定，口感好，卫生指标高于蜂花粉，营养价值优于同种粉源的蜂花粉，易被人体消化吸收，而且不会引起花粉过敏症。

1. 生产原理

利用可拆卸和组装的蜂粮专用塑料巢脾，或使用纯净的蜜盖蜡轧制的巢础、无础线筑造的蜂粮专用蜡质巢脾，通过管理促使蜜蜂在其上贮藏花粉并酿造成蜂粮成熟。塑料巢脾生产的是颗粒状的蜂粮，蜡质巢脾生产的是切割成各种造形的块状。另外，生产蜂粮，还可参照生产盒装巢蜜的方法，用巢蜜盒生产蜂粮。

蜂粮专用蜡质巢脾造好后。要让蜂王产上卵育 2~3 代虫，然后再用于蜂粮生产。

2. 操作规程

（1）单王群生产蜂粮。用三框隔王栅和框式隔王板把蜂巢分成产卵区、哺育区和生产区三部分，依次排列巢脾（图 7-11）。然后加入蜂粮生产脾，约 1 周，视贮粉多少，及时提到继箱，等待成熟，当有部分蜂粮巢房封盖，即取出等待后继工序，原位置再放蜂粮生产脾 1 张，并把 3 区巢脾调整如初。

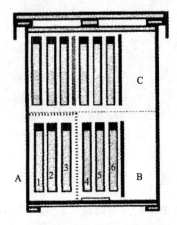

A. 产卵区；B. 生产区；C. 哺育区

1. 封盖子脾；2. 大幼虫脾；3. 正出房子脾或空脾；4. 蜂粮脾；
5. 大幼虫脾；6. 装满蜂蜜脾

图 7-11　单王群生产蜂粮的蜂巢

（2）双王群生产蜂粮。用框式隔王板把巢箱隔成三部分，若三部分相等，中间区的中央放无空巢房的虫脾或卵脾，其两侧放蜂粮生产脾；若中间区有两个脾的空间，则放两张蜂粮脾（图 7-12）。继箱与巢箱之间加平面隔王板，继箱中放子脾、蜜脾和浆框。当巢房贮存满蜂粮后及时提到继箱使之成熟，有部分蜂粮封盖后取出。

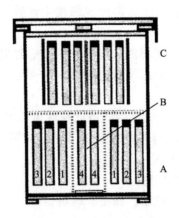

A. 产卵区；B. 生产区；C. 哺育区
1. 新封盖子脾；2. 大幼虫脾；3. 空脾或正出房子脾；4. 蜂粮脾
图7-12 双王群生产蜂粮的蜂巢

（3）蜂粮的消毒灭虫。抽出的蜂粮脾用75%的食用酒精喷雾消毒及用无毒塑料袋密封后，放在-18℃的温度冷冻48小时，或用磷化铝熏蒸杀死寄生其上的害虫。

（4）蜂粮的切割拆卸。经消毒和灭虫的蜂粮，在塑料巢脾内，应拆开收集，用无毒塑料袋包装后待售。在蜡质巢脾内的蜂粮，可用模具刀切成所需形状，用无毒玻璃纸密封后，再用透明塑料盒包装，标明品名、种类、重量、生产日期、食用方法等，即可出售或保存。

3. 蜂群管理

生产蜂粮的蜂群，其管理措施与生产花粉的蜂群相似，其特殊要求如下：

（1）新王、预防分蜂热。新王、健康和无分蜂热的王浆高产蜂群适合生产蜂粮。

（2）调整蜂粮脾位置。及时把装满花粉的蜂粮脾调到边脾或继箱的位置，让蜜蜂继续酿造，当有一部分巢房封盖即表示成熟，及时抽出。在原位置再放置蜂粮生产脾，以供贮粉，继续生产。

（3）提供产卵用巢脾。在产卵区，适时将产满卵的子脾调到蜂粮脾外侧，傍晚供给正出房的封盖子脾。

4. 贮藏方法

蜂粮脾经消毒、灭虫后即可放在通风、阴凉、干燥处保存。保存期间要防鼠害，防害虫的再次寄生，防污染和变质。

5. 高产优质措施

（1）粉源植物优良。

（2）生产蜂群健康，新王、蜂群健康、蜂脾相称或蜂多于脾，密糖充足。

第四节　蜂胶生产

蜂胶是蜜蜂采集的树芽分泌物，与其唾液混合后成胶状物质。蜜蜂在气温较高的夏秋季节采胶，西方蜜蜂采胶，东方蜜蜂不采，高加索蜂采胶能力强。

1. 生产原理

蜜蜂采集植物芽液，涂抹于蜂巢穴上方以及巢穴缝隙处，用于抑制微生物的生长与繁殖，以及清洁巢房。在蜜蜂采胶季节，将有缝竹丝栅片或尼龙纱网置于蜂巢上方，待蜂胶积累到一定量时，取出，通过冷冻、抠刮或搓揉，将蜂胶取下。

蜂胶生产要求外界最低气温在15℃以上，蜂场周围2.5千米范围内有充足的胶源植物；蜂群强壮、健康无病，饲料充足。

2. 操作规程

（1）放置聚胶器械。用尼龙纱网取胶时，在框梁上放3毫米厚的竹木条，把 40 目左右的尼龙纱网放在上面，再盖上盖布。检查蜂群时，打开箱盖，揭下覆布，然后盖上，再连同尼龙纱网一起揭掉，蜂群检查完毕再盖上。

1999 年，河南科技学院试验蜂场，利用 30 目白色尼龙纱网在校本部生产蜂胶，在立秋后的 25 天中，40 个生产群，本地意蜂，群势 6~11 框蜂，每群生产蜂胶平均 67 克，超过 100 克的有 9 群，最高的达到 113 克。

用竹丝副盖式取胶时，将其代替副盖使用即可，上盖覆布。在炎热天气，把覆布两头折叠 5~10 厘米，以利通气和积累蜂胶，转地时取下覆布，落场时盖上，并经常从箱口、框耳等积胶多的地方刮取蜂胶粘在集胶栅上。不颠倒使用副盖集胶器。

（2）采收蜂胶。利用聚积蜂胶器械生产蜂胶，待蜂胶积累到一定数量时（一般历时 30 天）即可采收。从蜂箱中取出尼龙纱网或竹丝副盖式集胶器，放冰箱冷冻后，用木棒敲击或挤压或折叠揉搓，使蜂胶与器物脱离。取副盖集胶器上的蜂胶，还可使用不锈钢或竹质取胶叉顺竹丝剔刮，取胶速度快，蜂胶自然分离。

在日常管理蜂群时，可直接用起刮刀铲下巢、继箱口边缘、隔王板等处的蜂胶。

3. 蜂群管理

蜂群 8 脾以上足蜂，健康无病，食物充足。

4. 贮藏方法

采收的蜂胶及时装入无毒塑料袋中，1 千克为一个包装，于阴凉、干燥、避光和通风处密封保存，并及早交售。一个蜜源花期的蜂胶存放在一起，勿使混杂。袋上应标明胶源植物、时间、地点和采集人。一般是当年的蜂胶质量较好，1 年后蜂胶颜色加深、品质下降。

5. 高产优质措施

在胶源植物优质丰富或蜜、胶源都丰富的地方放蜂，利用副盖式采胶器和尼龙纱网连续积累。在生产前要对工具清洗消毒，刮除箱内的蜂胶；生产期间，不得用水剂、粉剂和升华硫等药物对蜂群进行杀虫灭菌；缩短生产周期，生产出的蜂胶及时清除蜡瘤、木屑、棉纱纤维、死蜂肢体等杂质，不与金属接触。不同时间、不同方法生产的蜂胶分别包装存放，包装袋要无毒并扎紧密封，标明生产起始日期、地点、胶源植物、蜂种、重量和生产方法等，严禁对蜂胶加热过滤和掺杂使假。

第五节　蜂毒的采集

蜂毒是工蜂毒腺及其副腺分泌出的具有芳香气味的一种透明毒液，贮存在毒囊中，蜜蜂受到刺激时由蜇针排出。1 只工蜂 1 次排毒量约含干蜂毒 0.085 毫克，毒液排出后不能再补充。电取蜂毒，每群每次约有 2 000~2 500 只蜜蜂排毒，可得到干蜂毒 0.15~0.22 克。雄蜂无蜇刺和毒腺，不能产生蜂毒；蜂王的毒液约是工蜂的 3 倍，但只在两王拼斗时蜂王才伸出蜇针射毒，又因其量少，而无实际生产价值。

目前，采取电取蜂毒，在生产过程中，有利于保护蜜蜂，但不能防止副腺产生的乙酸乙戊酯等 13 种挥发性物质的损失，液体蜂毒在常温下很快会干燥成骨胶状的透明晶体，干蜂毒只相当于原液重量的 30%~40%。

1. 生产原理

将具有电栅的采毒器置于副盖位置，或通过巢门插入箱底，接通电源，蜜蜂受到电流刺激，向采毒板攻击，并招引其他伙伴向采毒板排毒。通电 10 分钟后，断开电源，待蜜蜂安静后，取回采毒器，刮下晶体蜂毒。

2. 操作规程

（1）安置取毒器。取下巢门板，将取毒器从巢门口插入箱内 30 毫米或安放在副盖（应先揭去副盖、覆布等物）的位置上。

（2）刺激蜜蜂排毒。按下摇控器开关，接通电源对电网供电，调节电流大小，给蜜蜂适当的电击强度，并稍震动蜂箱。当蜜蜂停留在电网上受到电流刺激，其螫刺便刺穿塑料布或尼龙纱布排毒于玻璃上，随着蜜蜂的叫声和刺螫散发的气味，蜜蜂向电网聚集排毒。

（3）停止取毒。每群蜂取毒 10 分钟，停止对电网供电，待电网上的蜜蜂离散后，把取毒器移至其他蜂群继续取毒，按下取毒复位开关，即可向电网重新供电，如此采集 10 群蜜蜂，关闭电源，抽出集毒板。

（4）刮集蜂毒。将抽出的集毒板置阴凉的地方风干，用牛角片或不锈钢刀片刮下玻璃板或薄膜上的蜂毒晶体，即得粗蜂毒。

3. 蜂群管理

（1）基本要求。生产蜂毒，要求有较强的蜂群，青壮年蜂多，蜂巢内食物充足。

（2）取毒时间。电取蜂毒一般在蜜源大流蜜结束时进行，选择温度 15℃ 以上的无风或微风的晴天，傍晚或晚上取毒，每群蜜蜂取毒间隔时间 15 天左右。专门生产蜂毒的蜂场，可 3~5 天取毒 1 次。

（3）预防蜂螫。选择人、畜来往少的蜂场取毒，操作人员应戴好蜂帽、穿好防螫衣服，不抽烟，不使用喷烟器开箱；隔群分批取毒，一群蜂取完毒，让它安静 10 分钟再取走取毒器。蜂群取毒后应休息几日，使蜜蜂受电击造成的损伤恢复。

（4）预防中毒。蜂毒的气味，对人体呼吸道有强烈刺激性，蜂毒还能作用于皮肤，因此，刮毒人员应戴上口罩和乳胶手套，以防意外。

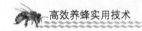

据报道，在春季，每隔 3 天取毒 1 次，连续取毒 10 次，对蜂蜜和蜂王浆的生产影响都比较大。蜜蜂排毒后，抗逆力下降，寿命缩短。

4. 包装与贮藏

取下蜂毒后，使用硅胶将其干燥至恒重后，再放入棕色小玻璃瓶中密封保存，或置于无毒塑料袋中密封，外套牛皮纸袋，置于阴凉干燥处贮藏。硅胶干燥蜂毒的方法是：在干燥器内放入干燥的硅胶，然后将装有蜂毒的大口容器置于干燥器中，密封干燥器，经过 2~3 天时间，蜂毒就会得到充分干燥。

5. 高产优质措施

（1）定期连续取毒，可提高产量。

（2）严防污染取毒前，工具清洗干净，消毒彻底。工作人员注意个人卫生和劳动防护，生产场地洁净，空气清新；蜂群健康无病。选用不锈钢丝做电极的取毒器生产蜂毒，防止金属污染；傍晚或晚上取毒，不用喷烟的方法防蜂蜇，以防蜜水污染；刮下的蜂毒应干燥以防变质。

第六节　蜂蜡生产

蜂蜡是养蜂生产的副产品，由 8~18 日龄工蜂以蜂蜜为原料，经过腹部的 4 对蜡腺转化而来的，蜜蜂用它筑造蜂巢。每 2 万只蜜蜂一生中能分泌 1 千克蜂蜡，一个强群在夏秋两季可分泌蜂蜡 5~7.5 千克。蜂群每分泌 1 千克蜂蜡需要消耗 3.5 千克以上的蜂蜜。工蜂分泌蜂蜡时，吸饱蜜糖，经过一昼夜的化学变化，蜡液即由细胞孔渗到蜡镜上，分泌的蜡液，在常温下凝固成蜡鳞。

1. 生产原理

把蜜蜂分泌蜡液筑造的巢脾，利用加热的方法使之熔化，再通过压榨、上浮或离心等程序，使蜡液和杂质分离，蜡液冷却凝固后，再重新熔化浇模成型，即成固体蜂蜡。蜜蜂蜡腺分泌的蜡液是白色的，但由于花粉、育虫等原因，蜂蜡的颜色有乳白、鲜黄、黄、棕、褐几种颜色。

2. 操作规程

（1）分类。对所获原料进行分级，并捡拾机械杂质。赘脾、野生蜂巢、蜜房盖和加高的王台壁为一类原料，旧脾为二类原料，其他诸如蜡瘤和病脾等为三类原料。分类后，先提取一类蜡，按序提取，不得混杂。

（2）清水浸泡。熔化前将蜂蜡原料用清水浸泡2天，提取时可除掉部分杂质，并使蜂蜡色泽鲜艳。

（3）加热熔化。将蜂蜡原料置于熔蜡锅中（事前向锅中加适量的水），然后供热，使蜡熔化，熔化后保温10分钟左右。

（4）榨蜡。

①杠杆热压法。将已熔化的原料蜡连同水一齐倒入特制的麻袋或尼龙纱袋中，扎紧袋口，放在热压板上，以杠杆的作用加压，使蜡液从袋中通过缝隙流入盛蜡的容器内，稍凉，撇去浮沫。

②螺旋杆榨蜡。先把下挤板置于榨蜡桶内，用热水预热桶身然后排出热水，内衬麻袋或尼龙袋，随即将煮烂的含蜡原料趁热倒入榨蜡桶中，再扎紧袋口，盖上上挤板。最后旋转螺杆对上挤板施压，蜡液受挤压溢出，经榨蜡桶底部的出蜡口导至盛蜡容器。榨蜡工作结束时，趁热清理蜡渣和各个部件。

（5）降温凝固。待蜡液凝固后即成毛蜡，用刀切削，将上部色浅的蜂蜡和下面色暗的物质分开。

（6）浇模成型。将已进行分离、色浅的蜂蜡重新加水熔化，再次过滤和撇开气泡，然后注入光滑而有倾斜度边的模具，待蜡块完全凝固后反扣，卸下蜡板。

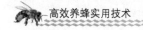

3. 蜂群管理

饲养强群，多造新脾，淘汰旧脾；大流蜜期，加宽蜂路，让蜜蜂加高巢房，做到蜜、蜡兼收。平时搜集野生蜂巢、巢穴中的赘脾和加高的王台房壁等。若使用的模具是木制的，浇模前应将其用水浸透。

4. 贮藏方法

把蜂蜡进行分等分级，以50千克或按合同规定的重量为一个包装单位，用麻袋包装。麻袋上应标明时间、等级、净重、产地等。按不同品种和等级将蜂蜡分别堆垛于枕木上，堆垛要整齐，每垛附账卡，注明日期、等级、数量。贮存蜂蜡的仓库要求干燥、卫生、通风好，无农药、化肥、鼠。

第七节　蜂崽的获得

蜜蜂是完全变态昆虫，其个体发育经过卵、虫、蛹和成虫4个阶段。蜂崽泛指蜜蜂幼虫和蛹，即我国古代所谓的"蜜蜂子"。现代养蜂主要生产蜂王幼虫和雄蜂的虫、蛹。

一、蜂王幼虫的获得

蜂王幼虫是生产蜂王浆的副产品，其采收过程即是取浆工序中的捡虫环节，每生产1千克蜂王浆，可收获0.2~0.3千克蜂王幼虫，每群意蜂每年生产蜂王幼虫可达到2千克。

二、生产雄蜂蛹和虫

1. 生产原理

雄蜂幼虫是蜂王产下无受精卵算起，生长发育到10天前后的虫体；雄蜂蛹是蜂王产下无受精卵算起，生长发育在20~22

天的虫体。每群意蜂每次每脾可获取雄蜂蛹 0.6 千克，全年可生产 6 千克左右。

生产雄蜂蛹、虫的两个重要环节，一是取得日龄一致的雄蜂卵脾，二是把雄蜂卵培育成雄蜂蛹、虫。

2. 操作规程

（1）筑造雄蜂脾。用标准巢框横向拉线，再在上梁和下梁之间拉两道竖线，然后，将雄蜂巢础镶嵌进去，或用 3 个小巢框镶装好巢础，组合在标准巢框内，然后将其放入强群中修造，适当奖励饲喂，加快造脾，每个生产群配备 3 张雄蜂巢脾。

（2）获得雄蜂卵。在双王群中，将蜂王产卵控制器安放在巢箱内一侧的幼虫和封盖子脾之间，内置雄蜂脾，次日下午将蜂王捉住放入控制器内，36 小时后抽出雄蜂脾，调到继箱或哺育群中孵化、哺育。两王轮换产雄蜂卵。

在处女王群中，抽出群内工蜂脾，加入小巢框修造的雄蜂小脾 1 张，并在雄蜂小脾的两侧加隔王板。蜂王的处置：在处女王出房后第 6 天，用二氧化碳将其麻醉 8 分钟，以后隔天 1 次，共 3 次，之后的 1 周内处女王产卵。在做上述工作时，用隔王栅把巢门堵住，预防处女王飞出交配。

定期向处女王群补充蜜蜂，防止群势下降。

（3）培养雄蜂蛹、虫在蜂王产卵 24～36 小时，将雄蜂脾抽出（若为雄蜂小脾，3 张组拼后镶装在标准巢框内），置于强群继箱中哺育，雄蜂脾两侧分别放工蜂幼虫脾和蜜粉脾。

抽出雄蜂卵脾后，在原位置再加 1 张空雄蜂脾，让蜂王继续产卵。以雄蜂幼虫取食 7 天为一个生产周期，1 个供卵群，可为 2～3 个哺养群提供雄蜂虫脾。

（4）采收雄蜂蛹、虫。从蜂王产卵算起，在第 10 天和在第 20～22 天采收雄蜂虫、蛹为适宜时间。

①雄蜂蛹的采收。将雄蜂蛹脾从哺育群内提出，脱去蜜蜂，

或从恒温恒湿箱中取出（雄蜂子脾全部封盖后放在恒温恒湿箱中化蛹的），把巢脾平放在井字形架子上（有条件的可先把雄蜂脾放在冰箱中冷冻几分钟），用木棒敲击巢脾上梁和边条，使巢房内的蛹下沉，然后用平整锋利的长刀把巢房盖削去，再把巢脾翻转，使削去房盖的一面朝下（下铺白布或竹筛作接蛹垫），再用木棒或刀把敲击巢脾四周，使巢脾下面的雄蜂蛹震落到垫上，同时上面巢房内的蛹下沉离开房盖，按上法把剩下的一面房盖削去，翻转、敲击，震落蜂蛹。敲不出的蛹或幼虫用镊子取出。

②雄蜂幼虫的采收。将雄蜂虫脾从哺育群中抽出，抖落蜜蜂，摇出蜂蜜，削去 1/3 巢房壁后，放进室内，让雄蜂幼虫向外爬出，落在设置的托盘中。

（5）雄蜂脾的处置。取蛹后的巢脾用磷化铝熏蒸后重新插入供卵群，让蜂王产卵，继续生产。生产期结束后，对雄蜂巢脾消毒和杀虫后，妥善保存。

3. 蜂群管理

在非流蜜期，对哺育群和供卵群均须进行奖励饲喂。在低温季节，加强保温，高温时期做好遮阳、通风和喂水工作。哺养群要求健康无病，蜂螨寄生率低，群势在 12 框蜂以上，巢内饲料充足。

4. 贮藏方法

雄蜂蛹、虫易受内、外环境的影响而变质。新鲜雄蜂蛹中的酪氨酸酶易被氧化，在短时间内可使蛹体变黑，新鲜雄蜂虫和蜂王幼虫胴体逐渐变红至暗，失去商品价值。因此，蜜蜂虫、蛹生产出来后，立即捡去割坏或不合要求的虫体，并用清水漂洗干净后妥善贮存（蜂王幼虫不得冲洗）。

（1）雄蜂蛹的贮藏。

①冷冻法。用 80% 的食用酒精对雄蜂蛹喷洒消毒，然后用不透气的聚乙烯透明塑料袋分装，每袋 0.5 千克或 1 千克，排除袋内空气，密封，并立即放入 -18℃ 的冷柜中冷冻保存。

②淡干法。把经过漂洗的雄蜂蛹倒入蒸笼内衬纱布上，用旺火蒸10分钟，使蛋白质凝固，然后烘干或晒干，也可以把蒸好的蛹体表水甩掉，然后装入聚乙烯透明塑料袋中冷冻保存。

③盐渍法。取蛹前，把含盐10%～15%的盐水煮沸备用。取出的雄蜂蛹经漂洗后倒入锅内，大火烧沸，煮15分钟左右，捞出甩掉盐水，摊平晾干。煮后的盐水如重复利用，每次按加水的重量按比例添加食盐。晾干后的盐渍雄蜂蛹用聚乙烯透明塑料袋包装（1千克/袋）后在-18℃以下冷冻保存。或者装入纱布袋内挂在通风阴凉处待售。

用盐处理的雄蜂蛹，乳白色，蛹体较硬，盐分难以除去。

（2）蜜蜂虫的贮藏。

①低温保存蜂王和雄蜂幼虫用透明聚乙烯袋包装后，及时存放在-15℃的冷库或冰柜中保存。

②白酒浸泡用60度白酒或75%的食用酒精浸泡，液面浸过幼虫，装满后密封保存，及时出售。

③冷冻干燥利用匀浆机把幼虫或蛹粉碎匀浆后过滤，经冷冻干燥后磨成细粉，密封在聚乙烯塑料袋中保存，备用。

5. 高产优质措施

（1）提高产量的措施。利用双王群进行雄蜂虫、蛹的生产，保证食物充足，连续生产。生产雄蜂蛹，从卵算起，20～22天为一个生产周期，强群7～8天可哺养1脾，雄蜂房封盖后调到副群或集中到恒温恒湿箱中化蛹，恒温恒湿箱的温度控制在34～35℃，相对湿度控制在75%～90%。

（2）提高质量的方法。所有生产虫、蛹的工具和容器要清洗消毒，防止污染；保证虫、蛹日龄一致，去除被破坏的和不符合要求的虫、蛹。生产场所要干净，有专门的符合规定的采收车间；工作人员要保持卫生，着工作服、帽和戴口罩；不用有病群生产；生产的虫、蛹要及时进行保鲜处理和冷冻保存。

参考文献

国占宝，吴杰，彭文君，等. 2005. 熊蜂的周年繁育与授粉应用 [J]. 蜜蜂杂志 (12)：29-31.

刘新宇，高崇东. 2011. 熊蜂人工繁殖及其授粉应用 [M]. 陕西：西北农林科技大学出版社.

马德风，梁诗魁. 1993. 中国蜜粉源植物及利用 [M]. 北京：农业出版社.

彭文君，安建东. 2008. 无公害蜂产品安全生产手册 [M]. 北京：中国农业出版社.

王星. 2009. 蜜蜂病害常用药物分类与使用 [J]. 黑龙江畜牧兽医 (4)：108-109.

王星. 2011. 辽宁地区蜜蜂室外越冬管理要点 [J]. 黑龙江畜牧兽医 (4)：99-100.

吴杰. 2012. 现代农业科技专著大系：蜜蜂学 [M]. 北京：中国农业出版社.

张复兴. 1998. 现代养蜂生产 [M]. 北京：中国农业大学出版社.

张中印，吴黎明，李卫海. 2011. 实用养蜂新技术 [M]. 北京：化学工业出版社.